大型花园的设计与改造

小园林设计与技术译丛

大型花园的设计与改造

[英] 道格拉斯·科尔塔特　著

戴代新　译

中国建筑工业出版社

目录

序 5
致谢 7
前言 8

第1章
　　找寻花园的特征　　10

第2章
　　整合花园与景观　　30

第3章
　　住宅和花园的统一　　58

第4章
　　管理大花园　　102

第5章
　　今日的花园　　122

第6章
　　设计常用植物　　142

扩展阅读　　165
相关组织　　166

序

曾有一段时间大型花园很少被人提及，更不用说地产了。然而，事实上我们大多数的劳动和设计都是针对大型花园的，相对于小型花园，大型花园存在更多需要解决的问题。

这样一本关于大型花园设计与改造的书，将会受到人们的欢迎。这位景观和花园设计的从业者，是来自苏格兰的新声。基于早期的理性原则，道格拉斯·科尔塔特提出新的方法发展大型花园，并试图针对当前的需求使其更为合理化。

尺度、景色、车道以及与更大范围的景观之间的总体关系，都让设计一个大型花园不同于小花园，并且更为广泛的，这是对世界上所有人适用的共同规律，无论人们在哪里生活它都将起到相同的作用。

本书作者引用了早期设计从业者如托马斯·莫森（Thomas Mawson，1861—1933年，英国园艺师、景观设计师和城市规划师）、格特鲁德·杰基尔（Gertrude Jekyll，1843—1932年，英国园艺师、作家）和劳伦斯·韦佛（Lawrence Weaver，1876—1930年，英国建筑评论家），甚至1864年爱德华·坎普（Edward Kemp，1817—1891年，英国园艺师、作家）的作品。这种对乡村景观的重新修葺让人安心，它们不同于那些转眼即逝的新城市设计。科尔塔特描述实情，并辅以易于理解的平面图、手绘图和图表，列举的案例研究也具有普遍的应用价值。

科尔塔特引导读者对景观进行哲学思考，在制订具有可操作性并可持续发展的管理维护基地的方案之前，他鼓励读者深入地思考和分析基地。作者对目前流行的便于社会和使用者的极简主义进行反思，反对普遍使用多年生草本植物和草地的现状，提出应在气候与维护允许的情况下重新使用灌木。可见作者不仅具有设计的理论基础，同时也具有园艺知识。

科尔塔特认为设计方案的着眼点应该是景观的维护与管理，无论什么情况下它都是景观的生命力所在。然而，人们往往事后才意识到这些，或者说将它作为设计的最后步骤。

因为我在全世界——特别是美国各地都工作过，所以深深认同科尔塔特的理论，而且无论花园在哪里，生活的基本方式并没有多大改变。景色可能会有差异，树会长高，场地会变得多荫，但是设计运用的理论还是一样的。气候当然也在变化，正如那里的植被在不停地生长一样，尽管本书的主旨是关于设计与改造的，科尔塔特最后还是给出了一个不同情况下全面而具有操作性的植物名单。

本书让大尺度的设计易于理解，读一读吧！

约翰·布鲁克斯
大英帝国勋章获得者

致谢

我要向很多帮助我完成这本书的朋友们表示感谢。首先,特别感谢亲爱的 Alex、Ben 和 Miles 的长久忍耐和支持,他们不但要不时地受到我敲击笔记本电脑键盘的打扰,而且不断地在假日里也给我写作的空间。

对于世界各地的设计师朋友们提供的照片及案例分析等直接帮助,我不胜感激。其中有 John Brookers 在英格兰西萨塞克斯郡的登曼斯花园(Denmans)和美国纽约州北部的花园;Ian Hamilton Finlay 在苏格兰拉纳克郡建造的小斯巴达(Little Sparta)花圃;道格拉斯·霍尔景观设计公司(Douglas Hoerr Landscape Architecture, Inc.)在美国明尼苏达州明尼阿波利斯的现代花园;Raymond Jungles 在美国佛罗里达州的 Ross-Evans 花园和西班牙式园林;Maggie Keswick 和 Charles Jencks 在苏格兰邓弗里斯郡的 Portrack 花园;Niall Manning 和 Alistair Morton 在苏格兰斯特灵郡的 Dun Ard;Debbie Roberts 在英格兰新罕布什尔州的 Nursted Barns;Debbie Roberts 和 Ian Smith 在英格兰西苏塞克斯郡的 Perching Barn。

此外,我还要感谢 Viridarium 的 Dougie 提供的插图;感谢 Anna 以及所有 Timber Press 工作人员的耐心帮助和灵活的结稿时间;感谢 Pat Fraser 等客户的关注,他们提出的"为何所有的园林书籍都是关于小型花园"的问题,激发我着手本书的写作。

最后,忠心感谢 John Brookers 先生,不仅因为他允许我参观他的一些花园,还感谢他一直以来对我的鼓舞和启迪。如果没有 John,就不会有这么多好的设计师,也不会有园林设计这样的职业得以建立。

前言

在连续遇到拥有大型花园的客户向我抱怨不知道如何打理户外空间后,我决定写这本书。他们抱怨说书店中充斥的都是迎合小花园业主的大部头,而忽视了那些拥有约 1/3—3 英亩左右面积的空间的读者。尽管拥有大型花园的业主通常认为自己具有某种优越感,但是他们对管理这样的空间的责任感却让人感到气馁。

由于每个花园都具有自己的特性、场地条件和不同面积,想对大型和小型花园给出普遍性指南的计划过于宏伟。然而确实有一些不变的设计元素对任何一个花园都起作用,从一开始将这些原则牢记在心对设计大型花园而言特别重要。小花园由于面积有限,边界的限定让它们往往具有一些特定的结构,而大型花园则缺乏这样的约束。业主自然而然有意识或者潜意识地将花园分成几个小的部分,他们认为这样便于处理,然而实际却可能导致花园总体潜力的丧失。

大的空间提供了更多的机会,能利用更大范围的景观来创造户外空间真正的场所精神。尽管达到这一目的有时需要一系列的巧合和良好的直觉,但是依照一套核心的原则去工作能减少不确定因素和风险,并能节约时间和资源。

这里给出的基本原则很少是新的,杰弗里·杰里科(Geoffrey Jellicoe,1900-1996 年)、西维亚·克罗(Sylvia Crowe,1901-1997 年)、托马斯·莫森、约翰·布鲁克斯和其他一些 20 世纪伟大的园林设计师从不同的角度曾经论述过。他们所写的大多都基于共同的认识,经过一段时间后深深根植于大多数优秀的园林师和景观设计师的作品中。

我的目标是以一种结合灵感和实践的方式来写作,正如格特鲁德·杰基尔和劳伦斯·韦佛撰写《小型乡村住宅的花园》(*Gardens for Small CounryHouse*,1912 年)一样。他们用一系列的案例研究来阐释各种挑战性的问题、设计平面、细部设计和种植设计构思，并据此发展了一个足以应付业主遇到的大多数问题的框架。花园设计的原则是具有普遍性的，能运用到全世界的各种花园，正如后面所展示的例子一样。

作为一名景观设计师，经过多年的私人和公共项目的实践，我清醒地认识很多花园设计存在着对细部设计的忽视，还有随之而来的蹩脚的景观维护计划。我之所以转向花园设计，是因为私人业主关心自己花园的景观效果，让我有机会在新材料的使用和种植设计的风格等方面进行创新。我发现自己对大型花园和地产的设计具有自然的喜好，但是并非所有大型花园都依附于大型的住宅，设计大型花园的挑战来自各种各样的客户，从拥有较为传统的城镇住宅的业主到城郊现代平房的主人。

这本书的目的并非想提供设计的万能工具箱，而是要展示给大家如何进行花园设计，我希望我提供的意见和建议能帮助业主和设计师优化他们的花园设计，无论是现存的还是计划建造的花园。

第 1 章
找寻花园的特征

据报道弗雷德里克·劳·奥姆斯特德（Frederick Law Olmsted，1822–1903年），美国现代景观设计的创始者，在和自己的同事讨论花园的特征时曾说道："我绝不会试图改变这令人愉悦的自然特征——我将接受当前的特征来展开设计。"既然一些花园的"自然特征"比另一些花园更多，那么大多数的花园都具有一些让自己独具特色的元素。

房子的述说

是什么显示了花园的特征？一般而言，花园是指环绕房子的区域，大多数情况下房子处于主导的地位，它的风格影响了周边的空间。因此，首先需要决定的是房子的特征是否令人满意，是否让它决定花园的特征。如果房子很有吸引力，具有出色的特点，那么利用这些来计划花园的特征是个不错的主意。否则，花园能用以提升那些稍逊特色的房子，通过整合周边的景观、扬长避短，调整这些中庸的建筑师的作品。理想的情况下花园的作用不应仅仅是房子的装饰。

人们重新设计花园的主要原因之一便是希望将自己的房子和周边环境融为一体。通过与周边环境的整合，房子才能称其为建筑。如果没有花园和种植，大多数人的家会看似外太空落下的不明物体。经过仔细规划的种植能强调入口，打破大面积的立面，甚至遮挡掉邻居的房子。通往房子的入口道路最初的设计和布局方式能立刻改变你对建筑的认识。

当试图找出花园的特点时，业主经常表达出一种感觉，说他们需要用新的眼光重新审视花园。我们常常由于历史的偏见和熟视无睹的原因而不能客观地看待花园。好的设计能为那些缺乏可识别的特质和风格的花园提炼出特征。要明确描述或者量化是什么构成了花园的个性几乎是不可能的，但是如果一个花园缺乏特征却是显而易见的。年代能带来一些特征，无论它是不是业主欣赏的或者希望保留的。对某些业主看来长得过大的灌木，在另一业主眼中却是雕塑般的树干，只要加一些照明就

上图 花园自然融入乡村风景

对页图 英国砖石墙配以装饰种植

12　大型花园的设计与改造

下图 房子的位置决定了花园的形状

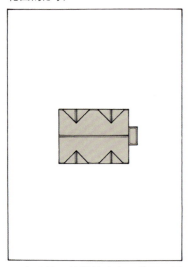

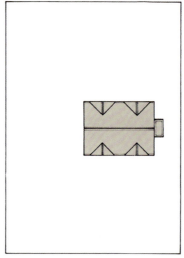

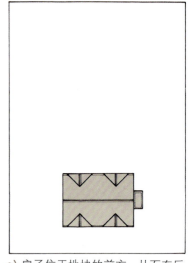

a) 房子处于地块的中央，花园不是那么让人却步。

b) 房子位于地块的右手边，强调了位于地块一侧的大花园。

c) 房子位于地块的前方，从而在后面留出较大的花园空间。

位于佛罗里达州的西班牙式热带花园，茂密厚重的种植将房子融于周边环境。

类似图中细节丰富的不锈钢门用于花园中人流较多的地方能取得最好的效果。

是一个自然的雕塑。自然和时间能重新定义任何一种园林空间,但是需要全新的眼光来决定哪些特质能增强花园的特征,而哪些却弱化了花园的特征。

规则式与非规则式

谈到花园的基本特征,经常会提及规则式与非规则式两个概念。规则式在当代的语境中并非一定意味着将按照引伸自房屋的直线来布置树列,而是意味着有一个清晰的、全年始终如一的结构。

大型花园的有利条件之一,是业主不需要在规则式与非规则式的风格中作出选择,因为有足够的空间同时容纳二者,而且在条件允许的情

块状种植的笔直线条给空间增加了一种规则式的氛围。

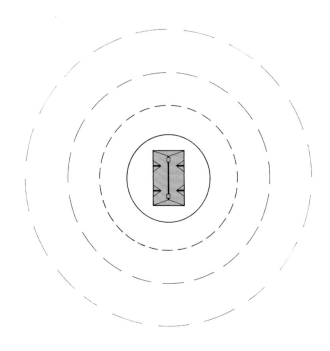

影响区域的简单图示,一般而言越靠近房子设计越要细致。

况下放弃实验性的探索让人遗憾。以我的经验,如果用规则式的风格进行花园的布局,最好是将它作为核心的骨架,而将非规则式的元素引导进来并包融其中。用非规则式的风格设计整个大型花园在现实中很难做到。如果花园的中心位置有个大体量的房子,那么房屋的直线条常常不可避免地反映到花园设计中。很少有房屋自身是非规则式的设计风格,可能因为砖块本来就是棱角分明的,而且直线也利于施工和建造。

纵观历史上的园林设计,从17世纪的意大利园林、18世纪的法国园林和19世纪的英国园林直到现在,都能发现设计较为规则的区域总是靠近房屋。我们总是自然地将花费了许多时间和金钱的设计亮点区域放置在容易被看到的地方,要么靠近房屋,要么从房子的主要房间能很方便地看到。而且,房屋的直线总是首先反映到邻近的周边区域,然后慢慢地这种规则式的风格随着距离的增加而减弱。如果房子位于城郊,这样也能保证花园起到了房屋与周边景观的自然过渡作用。

从结构明显的区域向非规则式风格的过渡应十分流畅,不能有明显的拼合感或者是风格的突变。这种从房屋向外部郊野自然的过渡是一些优秀花园的特点。正是这种联系将花园真正地"锚固"(anchor)于周

在设计特色分明的风格时需要谨慎处理周边的细节（这里展示的是东方风格花园的细部设计）。

边的环境中，并创造场所精神。因为不是所有的花园都必须保持与周边景观的协调一致，所以如果能做到这点便能达到很好的效果。

花园设计也会使用对比的手法，但最好是用在花园中的一小部分或者是单一要素中。诀窍在于保持统一与均衡。对称是获得均衡的主要方法，不对称均衡，即两个不同物体放在一起获得的协调统一，则能更好地把握空间。

花园的设计风格可以根据业主的要求而变化多端，然而一个良好的总体设计取决于设计要素是否适合特定的区位、房屋和业主的需求。

如何使用东方园林就是个很好的例子。中国和日本的园林在特定的情况下看起来令人惊奇，而如果运用到20世纪60年代英国住宅的后院中便会不伦不类。尽管如此，如果能谨慎地考虑花园的视角，并将其和周边相邻的花园分隔开，也能取得不错的效果。那些非本土的树种如桉树，也应该得到类似的关注。树种的选择应该考虑与花园现有植物品种和颜色相协调，而不管它们具有多好的生长习性和多美的树叶颜色。

左图 台阶引导来者的视线直到房屋 Carmunnock Garden（苏格兰 格拉斯哥）。

右图 从侧面观看平台，它既是一堵矮墙，也是令人愉悦的休憩区。

利用高程

很多业主都有在设计初始阶段就试图平整修建花园的场地。在花园中有一块类似露台和草坪的平坦活动场地固然重要，然而结合现有地形的高程进行设计，能带给使用者多元化的空间体验，也有助于在视觉上划分空间，从而创造出更具魅力的花园。

结合现有场地高程设计花园，也往往能取得与周边地形的直接联系，从而"真实"地对待场地。正如外来的植物可能会与场地中的本土植物格格不入一样，与场地中的高程或其他自然条件要取得协调也面临相同的问题。回顾历史，一些超大的园林会对总体的景观进行控制，然后添加建筑周边的花园，但这是在人力、物力相对便宜的情况下才能实现的，在今天看来几乎不可能。能否融入周边更大范围的景观，或者从中获得设计的灵感，往往取决于花园所处的特定区位以及个人的喜好。通过与场地自然条件的博弈并能融入周边景观是非常困难的。为了与周边景观取得视觉上的联系，花园必须回应周边景观的形式或色彩，或者种植一些自然的植物。如果并不希望取得如上效果，业主相反希望获得与临近景观对比的风格，那么方法可能较为内敛，在设计花园时应有意与周边景观拉开差异。

找寻风格的技巧

刚刚接触花园,房屋、花园的边界以及任何可见的景色会透露出它的特征。也许所有这些都看起来不怎么吸引人,但是业主和设计师必须找出最具代表性的元素。很少有花园能将它周边都装扮起来,即便有这种可能,也不能形成完全统一的空间。整体观察房屋、花园和景观是寻找、定义和提炼花园特征的关键。最难设计的是那些空间完全没有引人注目的特点,就像一张白纸一样的花园。对花园的主人而言,结合现状的特点进行改造相对而言容易一些,特别是当他们有一定的花园设计经验,要么就从没有想过自己理想的花园是什么样子。反之亦然,花园设计师也需要开明地对待客户,在这种情况下设计师一开始先提供一个草案给客户征求意见是较好的方法。

旧的房产总是存在一些原有特征或风格的线索,如果业主对这些都感到自然舒适,那将对设计大有帮助。这能提供一种机会,将房子或者花园中的特有元素,如砖砌建筑或者一棵遒劲多节的古树,作为新花园

在前景中等距离的位置布置草坪让房子具有优雅和卓越的风范。

伊利诺伊州格伦科的现代住宅和花园,住宅清晰的线条和花园简洁的种植与柔和的色彩互为映衬。

设计的起点。无论是颜色、形态或者肌理都能激发类似的灵感。

如果业主长期生活在花园中,就很难客观地看待它,这时其他人的观点可能有所帮助。第三方可能是设计师、家庭成员、朋友或者邻居。可以询问他们关于花园空间的特点,这不意味着简单地要他们罗列喜欢花园的什么特质,而是要他们指出花园空间的主导颜色,甚至更加整体性的问题,如你觉得花园是内敛还是外向的外观?花园和房子相配么?花园和社区协调么?它具有什么自然的特性?

从花园空间能看到的任何主导元素,如住宅屋顶的铺瓦颜色,都能成为最终设计的动因。类似地,现状中任何形态都能被复制、强化或者与其他元素相结合,从而使设计得到统一。住宅建造中可见的材料应该成为花园设计的关键,某些材料能运用到花园中,或者是材料的色彩和肌理能在新的花园设计中得到体现。当然,谈到花园中的元素,少即是多。同时我们也应该记住花园是用来陶冶情操的,对业主而言应该具有某种意义。不需要对花园的风格作出限定,被业主所喜爱的充满意味的花园远比那些被人们忽视的要好得多。

花园建造前后的相片,花园的设计目的是尽可能利用周边的视野,获得全景式的景色成为设计的灵感。

边界粗实的曲线将视线引到远方的景观，反过来远景又激发了花园设计中种植的色彩和形态的灵感。

下图 住宅屋顶铺瓦的紫色成为花园植物选择的出发点。

大型花园有足够的空间进行划分和定义不同区域，从而为逐步展示不同寻常的元素提供了机会，而不会一览无余。为适应和改变现状设计的景观构筑，如驳岸和平台应该和住宅建筑或者是与其紧邻的周边环境联系起来。人造的景物在视觉上也应该和住宅建筑有所关联，从而使它们看起来是统一于总体设计之中的。

上图 在木平台上嵌入玻璃球能捕捉光影的变化，打破木平台的空旷感，同时也是一种相对便宜和维护成本较低的手法。

中图 小径两侧的种植反映了树林的颜色从而与之融为一体，简洁的方形地砖经过旋转成一定角度铺砌成钻石形，和种植形成鲜明对比，并将视线引向远方的树林。

下图 在野趣之美的花园区域安置一个雕塑，让这一空间感觉经过谨慎的设计。

究竟是谁的风格？

尽管不同人对美的品味不一样，美的事物在旁观者的眼中是最易被发现的，因而第三方的建议很有帮助。但是另一方面，如果第三方是设计师，那么客户必须当心设计师强烈的自我意识。将设计完全强加于一个私人花园是不行的，相反设计过程应该被看做是设计师与客户的不同风格以及住宅和花园现状的融合。这一融合过程很少是简单直观的，因而对客户而言重要的是懂得享受整个过程。不考虑规模，设计一个花园的想法也让人觉得望而却步，而且随着花园面积的增加，这种畏惧随之增加。

有些人除了将花园作为放松和休息的娱乐场所外并没有太多要求，甚至有些人将其看做是房产买卖时附送的。他们可能是能从雇佣设计师做设计中受惠最多的。

无论业主是自己设计花园，还是雇佣设计师，他们如何才能得到一个反映自己喜好和风格的花园呢？对那些自己设计花园的业主而言，首先是要研究花园的现状和原有风格；而对那些雇佣设计师的业主而言，首要的可能是选择一个和自己意气相投的设计师。

选择设计师

通过因特网能很快了解设计师，很多设计师都有自己的网站介绍自己的风格和完成的作品。如果设计师的作品集中的介绍与客户设想的花园在规模和感觉上有相似之处，就达到了初步的协作条件。

客户也需要尽可能多地研究相似的花园，寻找重复出现的元素以便和设计师讨论。花博会提供了一个展示不同设计师和他们的设计风格的橱窗，也是了解最新设计趋势的理想途径。然而，这些展出的设计师的花园仅仅能提供他们设计风格的快照：展览花园（Show Garden）是那些为吸引眼球而使用了一些特殊的材料，或者和设计师的日常作品相比能更引发争论的花园作品。对业主而言重要的是和设计师当面交流，从而感觉他们能否值得信任，或者是能否愉快地和他们合作。设计是一个相互的过程，对那些有意愿的设计师应邀请他们看看自己的花园，对设计师而言鉴赏自己将改造的花园十分有必要，不能仅仅将任务看成是一个商业项目。

一旦设计师被选定，接下来干什么呢？设计师的任务是考虑业主的个人喜好，从他们家里的物品、颜色和装修可以显而易见地发现，也有可能从现有的花园中找到线索。设计时通常会让业主看一组经过选择的图像（被称为情绪看板"Mood Board"），以确定他们了解了业主所想象的花园的主旨。这些选择的图像不一定是花园的图片，它们可能是剪自杂志或者扫描自书本的建筑或者家具的意向图片。重要的是了解业主的喜好是偏向规则式还是非规则式、现代还是传统，从而能运用到花园设计中来。如果业主喜欢的图片是圆形的物件和家具，或者是一件带有女性优美曲线的新艺术派雕塑，这说明业主可能会喜欢在花园中有流动的曲线设计。计划自己设计花园的业主也可以自己来做以上工作，哪怕是雇佣设计师的业主也可以同样自己完成以上步骤以节省时间和费用。这些信息将影响花园的总体设计，甚至是花园中路径的设计方法和种植设计与空间融合的方式。另外，色彩的喜爱偏好和植物品种的选择也能从选择的图像中看出端倪。很多客户不懂得植物，有时漫无目的地寻找那些不需要维护的花园设计。这样的花园当然是不存在的，但是通过设计减少维护工作是可行的。前期的研究工作也能发现合伙人之间的不同爱好，聘请一位设计师作为协调人是这一情况下较好的解决方案。

设计师一旦被任命，同时就应该提供一份详细的服务清单。清单有时很长，有时很简单，取决于客户的需求。最主要的是让业主感到无微不至的服务，清楚地知道自己的委托将会得到实施。

形象化的实践技巧

从主要视点或者是入口处拍下花园的相片非常有用，比较典型的是从花园的大门、前门和后门取景，或者从住宅的窗子和花园的休憩处拍照，另外从住宅楼上的房间和厨房的窗子看出来的景色也很重要。

接下来用胶带将描图纸贴在相片上，将花园的主体形态和特征画下来。另一种方法就是将相片中要保留的花园局部和主要元素剪下来，贴在一张干净的纸上，用铅笔画出要改变的内容，这样能获得花园改造的初步印象。也可以利用剪出的各种形态的植物，乔木、灌木（圆球形）或者是绿篱（矩形），进行拼贴看看能做出什么样的花园。

有时用常规的花园平面图形象地表达改造方案有一定的困难,在这介绍其他两种技巧。

相片叠图法

这个方法相当简单,考虑成熟后拍一张反映主要特点的数码相片,如入口道路(上图),然后用叠图的方法画出改造方案(下图)。通过这一方法可以判断改造方案合不合适,也可以继续使用叠图表达要修改的地方。

第 1 章　找寻花园的特征　25

相片打印作图法
在这个例子中,运用了另一种相片使用的技巧。首先,这张数码相片表现出硬质铺装和周边环境的结合非常糟糕。

下一步将数码相片打印出来,将要修改的部分剪掉,剩下的相片贴在一张干净的纸上,画出简单的形体表示台阶、灌木和地被。如果有必要,可以复印多张打印稿,用相同的方法做不同的选择方案直到满意为止。

最后,以做过修改的相片作为参考,用手绘图将这一区域最终的种植方案表达出来。种植有效地遮挡了矮墙,使得露台的边界没有以前那么生硬。台阶也转变了方向,吸引人走入花园,同时也增加了视线的变化。

案例研究
Carmunnock 花园

业主之所以需要改造建议是因为他们觉得花园不是很"有型"。这是一个 3 英亩稍大的花园，比较成熟和经过精心建造，但是用业主的话说它看起来应该更好一些。业主选择设计师很谨慎，因为他们不需要进行大量翻新，也不希望为此花一大笔开销。

对于壮丽迷人的住宅，保留建筑周边的花园十分重要，这样能凸显其庄重的风格。

这是个典型的只需要简单润饰的案例，存在几个非常明显的问题，它们在视觉上削弱了花园的显著特征。房子前的栅栏年久失修，变得不平整，给人杂乱不堪的印象。现有的铺装露台明显偏小，八张椅子和一张桌子几乎塞满了空间，想要环绕桌子给每个客人斟酒都不可能。而且露台和建筑的比例也不协调，至少视觉上与之关联的建筑部分看起来如此。

第 1 章 找寻花园的特征 27

Carmunnock 花园的显著特征之一是有着优美树形的成熟乔木点缀其间的宽阔草坪。

油漆储油罐和清洗电杆让它们融入背景植物之中。

其他需要改进的地方包括临近建筑的小径，是到达花园的主要途径。它用松散的鹅卵石铺成，没有明确的边界，周边的植物也不协调，总体看起来仿佛被完全忽视了。这给人的初步印象与花园的实际特征很不相符，花园主要的元素是那些树形优美的成熟乔木和一个漂亮宽阔的大草坪。

花园的很多问题都能容易地得到改进。解决方法包括重新油漆储油罐和电杆，让它们融入花园中而不是与之抵触。维修栅栏、整理小径以及更新植被都让花园焕然一新。露台也做了扩建方案。花园中一排高大的杉树将空间一分为二，杉树本身具有良好的特质，让人联想到规则和

改造前后的相片，显示出小径的规整、种植的更新和栅栏的维修立刻提升了花园给来客的感觉。

成熟的感觉。但是由于数量过多遮挡了阳光而使得花园较暗，而且在空间上分割了花园。只要将这些 150 年树龄的大树移植一棵，就能立刻引入阳光，也打开一个吸引人进入花园另一空间的通道。这个例子也很好地说明了业主没有必要只因为树木已经成林而必须全部保留它们。同时敏感地认识到一些特殊植物的价值也很重要，还需要了解清楚那些没有获得允许的情况下禁止移植任何植物的设计规范和地方条例。正如与新的房产建设相关的条例中规定了能使用的植物种类，有些条例也禁止移植某些植物和乔木。在这个案例中，通过小心地布置园景树，让它们成为从房子中特定的窗口景色中的视觉焦点，是一个简单实用而又花费不多的措施。

实用建议

- 拍一些花园的相片，客观地研究它们。询问你信任的人的意见，告诉他们要直率回答。
- 为确保能让设计达到你的期望高度，在自己设计花园或者和设计师讨论之前，收集一些你喜欢的花园的图片。
- 利用因特网浏览园林设计师的网站，而不是仅仅选择设计师。这让你有机会看看他们的作品集，学习他们的理念并找到适合你的设计风格。
- 花园设计中的解决方案并不一定需要花费很多，而是需要客观地分析评价，并从花园整体的角度思考问题。
- 仔细考虑花园中人工构筑物的色彩，保证它们与花园协调一致。
- 无论花园总体而言维护得有多好，首先看看是否有一些引人注目的元素需要更新换代，如墙体和大门——第一印象很重要。

第 2 章
整合花园与景观

第 2 章 整合花园与景观 31

一张绝美的图像能激起强烈的情感反应，唤起以往其他景观体验的记忆。

将花园和环境融为一体离不开对周边景观特征作出判断。这一直以来都是一种挑战，因为某一区域的特征就和指纹一样独特。谈到景观总会引发我们的先入为主的观念、喜好和憎恨，因为记忆，我们总是戴上有色眼镜看待景观，特别是我们儿时对周边环境的记忆。

客观地说，当我们试图将花园"锚固"于周边环境之中时，可以向几世纪以来的设计师、建筑师和园林师学习。从保留下来的建筑、花园和房产设计中我们可以找到它们之所以成功的线索。将花园和英国的景观融为一体的已故著名设计师包括"万能的"布朗（Lancelot Brown, 1715–1783 年），亨弗利·雷普顿（Humphry Repton, 1752–1818 年）和托马斯·莫森（Thomas Mawson, 1861–1933 年）。当然还有在全世界相同领域成功的他们的前辈们。这些著名的设计师多数生活在人工极其便宜的时代，可以将大片的城郊土地进行改造来适应新的设计作品。必须指出这些设计师也经常设计面积很大的工程。现在大尺度的改变和土方工程对绝大多数业主而言是不可能实现的，设计师必须找到更可持续的方法顺应景观现状。尽管如此，我们还是能从以前那些伟大的设计师身上学到普遍性的法则。

32　大型花园的设计与改造

第 2 章　整合花园与景观　33

左图　雷普顿设计的典型景观（英格兰苏塞克斯郡）。

左下图　这是 18 世纪英国风景园，位于英格兰牛津郡的布伦海姆宫，由"万能的"布朗设计。当时人力足以对大尺度的景观进行控制。

规则式花园中的树林、林荫大道和远景，位于英格兰牛津郡的布拉姆汉姆公园，很好地阐明了如何运用广阔的人工林给景观留下人类主宰的印记。

什么赋予景观以特征？

很多影响因素的合力铸成了我们现在生活其中的景观。自然地形是基础骨架，经过冰河、火山、海洋、河流和小溪的不断侵蚀，然后经受人类砍伐森林、开垦荒地和长达几个世纪的建设，最后形成了综合的景观形态。土壤的性质、日照的强度和植被的种类等因素与景观形态不同的叠加组合更增加了各地的景观差异性。

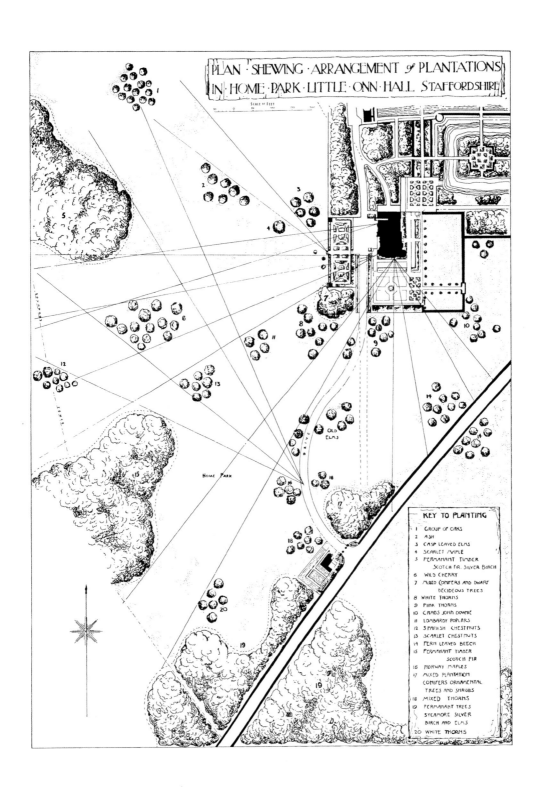

第 2 章 整合花园与景观　35

左图　托马斯·莫森绘制于1890年的平面图详细地展示了住宅旁边的景观布局。他在住宅主要视线之外的区域进行种植并将乔木作为某些视线的视觉焦点，从而创造出一种景观结构。

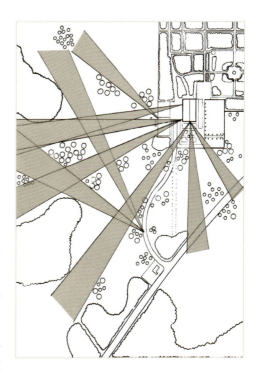

当代对平面的加工表达出莫森如何利用"视锥"来形成景观的骨架和总体的结构。

案例研究

小翁馆宅园（Home Park，Little Onn Hall），斯塔福德郡

　　这一莫森在斯塔福德郡设计的宅园是通过树木的种植针对住宅和它的入口道路进行框景和阻景的案例。花园设计于 19 世纪 90 年代，展示了如何对大面积的公园用地进行分割，并将其和建筑结合起来。场地原本是用来放牧的，案例成功的关键在于树木的布局，既使场地看起来和建筑融为一体，又好像是规则式花园的延伸。几个关键的视点得到强调：一是建筑的入口道路；有三处位于主要房间；还有一处位于建筑旁规则式花园外侧的台阶。从这些点拉出交叉的射线，重要的视线保持通畅直到基地的边缘，而其他地方则用十分简单的方式布置了树林。简示图显示了这些"视锥"，图示出位于中间的视线景色细部较多，而两侧的景色则较为简单。

　　显而易见，并非所有的地方都种了树，但是大部分区域都有种植。从密实的树林到小面积的树丛，还有孤植的景园树。密实的树林是视线的终点，树丛部分屏蔽了视线，而景园树则是视觉焦点。树种也经过仔细的考虑：在建筑附近和车道两侧种植了较小体量、具有装饰效果的植物（如粉色花朵的山楂）；在中景的区域种植了具有雕塑感的园林植物（如栗树）作为孤植景园树或树丛；在视线的终点采用混种的方式（包括欧洲赤松和白桦树）作为背景。

　　花园的平面说明以上原则可以运用于任何尺度的设计中。需要考虑的最重要的因素是从建筑中看出来的主要视线方向，如果建筑位于场地中间，那么入口道路也十分重要。

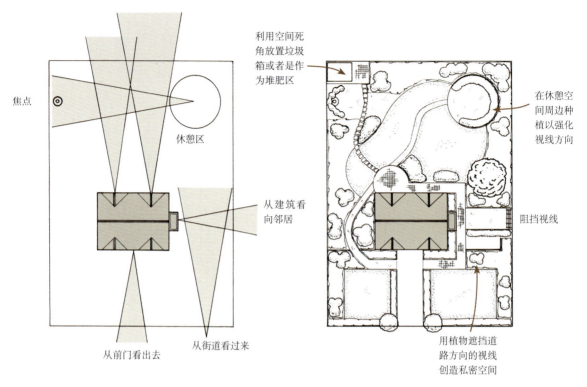

这两个花园的平面图使用"莫森法则"和建筑主要房间的视锥来区分主要视线区域和较少得到关注、可以分隔开的区域。一旦休憩区的位置得以确定,也可以用视锥来确定从这能看到的最好景色区域,从而决定在哪里设计视觉焦点。

以上草图说明一张简单的视锥平面图能细化为花园平面图。

视锥也能指出哪些区域应该保持通畅,不需要种植树木。在这些例子中树木都种植在锥体范围之外以强化视线。

平面图与视锥的使用

　　利用视锥确定花园结构的方法适用于任何尺度。它能有效地用来"分割"大型花园,为统一花园和住宅提供了"工具箱式"的途径。既然从住宅看出来的视线被用来创造花园的结构,那么住宅自然也被锚固于整体的构架之中。这一方法不用考虑住宅的风格而将二者整合为一体。尽管开始人们很难看懂平面图,但事实是在平面图上合适的设计在现实中往往也会有好的效果。在纸上画好住宅和边界线,然后只要确定从住宅中看出来的主要视线。可以利用边界外的树木和树丛将花园和其他花园联系起来，或者将更大范围的景观引入视野。另外，花园外的任何吸引物都能用框景的手法转换为花园景色的一部分。当然，最好不要将邻居住宅的窗户作为框景对象，因为谁都不喜欢被眺望。

从住宅附近的休憩区看到远方的教堂钟塔景色。

借景

只要一个花园拥有能看到远处景物的视野，这些景物都能成为框景的对象或者被视为一件雕塑作品。它不必是远处耸立的岩石或者人造落叶林，哪怕是一个教堂的钟塔或者是一排房子都行。

稍有遗憾的是尽管借景的手法得到高度的认同，大多数的花园仅仅试图捕捉那些明信片般的景象，我们已经习以为常地认为只有这样的景象才能带到花园中来。尽管画意风格运动（Picturesque Movement）的残余仍旧困扰着我们，但是人们越来越能接受多元化的景观风格与观点。任何有吸引力的景色都应该得到赞美。从城市景观到沙漠，周边的景色都体现了场所感，我们应该尽量利用它们。当然，确实有些明显丑陋的景色是没有人愿意从花园中看到的，但是我们能从大多数中找到兴趣点。经过合适的处理，甚至最糟糕的景色也能让它变得有趣，进而具有吸引力。通过慎重选择框景的手法，屏蔽那些没有味道的景色，能成十倍地

横向排列的木条消失于远处,将视线引向更广阔的景观。

提高景色质量。大型花园能拥有好的视野和景色得益于较大的尺度、多样的朝向以及有机会获得较远的视野。建筑楼上的房间能控制甚至比社区范围更大的视野,花园和建筑的设计应最大程度地利用这一点,不要在讨论花园的视野时将它们忽略。

植物框景

一组植物能以不同的方式有效地用来框景:它们能生长成某种形态形成景框;或者置于前景中利用其自然形态形成景框。

三种主要地用来框景的植物是垂枝树木、长成柱形的树木和主干清晰的树木。品种选择的详细建议在第六章中介绍。

与其选择那些枝条垂地的垂枝小乔木或者灌木,不如选择能长成大树的乔木。它们最好作为景园树种植在混植区域的边界内。需要留心"*pendula*"这个字,它的意思就是松散地下垂。无论如何不要用经过高接的树木,它们只是将垂枝植物嫁接到具有笔直树干的乔木上,就像是植物世界的一种突变,是人类过多干预的结果。

柱状植物(带有 *fastigiata* 或者 *columnaris* 的后缀)能形成出色的林荫大道,也能种植在设计的视觉焦点两边吸引注意力。另外,树干清

第 2 章　整合花园与景观　39

上左图 这些深色的柱状乔木种植在粉白色灌木的两边，形成框景的同时也是一种衬托。

上右图 种植在两旁的乔木清晰的树干形成框景，强化了花园的视觉焦点。

下图 从荷兰阿姆斯特丹 Rijkstaad 展览馆的入口道路看过去，山毛榉清晰的树干形成框景，强调展馆内的景色。

晰的植物在花园中能用作小型林荫道树，强化路径的方向或者视觉焦点的效果。

当需要将住宅锚固于周边的景观之中时，在临近住宅的花园加入反映周边景观的元素是十分有效的手段，加强了建筑与景观之间的联系。这意味着在花园中使用一些与周边景观相同的树种，或者在形态、轮廓和颜色上反映周边景观的特点。

平面图显示出一个坐落于相对较大花园中的住宅。三角形的视锥表明了从房子看出和看向房子的主要视线，从而用来决定什么将被屏蔽，什么将被框景。

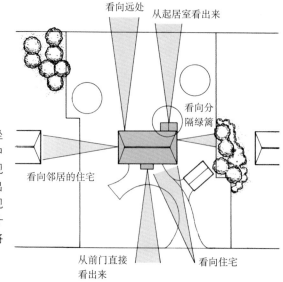

经过深化的花园总体布局，通过种植设计进行框景、创造相对于邻居的私密空间和新视觉焦点的背景。

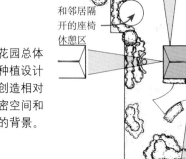

朝向与方位

对大多数的业主来说，很少甚至没有可能购买足够的土地让住宅获得适当的朝向。但是如果能理解方位的概念将很有帮助，当购买新的地产，考察的时候携带指南针将非常有用。询问以前居住的卖主哪里能照到阳光，哪里是阴影区将很有价值，因为他们很熟悉一天中阳光如何照射到花园中，是不是会被邻居的绿篱、树丛和建筑遮挡。

一般而言，如果不是位于高地，没有必要让住宅的每一个面都能完全看到。在观景点附近种植植物的方法能部分遮挡建筑立面。没有了幻想和惊奇，随之而来的是过分的熟悉和枯燥。那些长期与花园生活相伴的人们会发现小小的出乎意料能让人更为愉悦。

相片展示了如何通过阴影和阳光的对比强化位于纽约上区的一幢住宅建筑的外观，这是一个正式的途径。

遮蔽

遮蔽在花园中非常重要，与对花园方位的考虑有着必然的联系。在住宅的北面如果有树林或者是小山丘，能形成自然而直接的屏障阻挡凌厉的北风，它们对植物的生长和花园的使用极为不利。需要记住的是，种植是一个长时间的过程，可能几年之内很难看出明显的影响。

这幢位于纽约上区的雄伟住宅其后部也能照射到充足的夕阳，展示出建筑朝向和方位的重要性。

如果自住宅有缓坡顺势而下，特别是朝向南方，就能享受到最好的日照。处于高处的地产由于对周边道路和景观的良好控制而获得凸显和稳重的效果。相反，由一条下坡路通到住宅的门前就不是很理想。在一些地方，新建住宅的需求迫使开发商在原本可能保留为荒地的地方修建大量的住宅。这并不是说有眼光的业主就不能考虑建在坡底的地产，只是说他们应该选择那些道路由低处通往入口的住宅，如果这样很难做到，那么应十分关注到达住宅时的视野。尽管上坡的入口道路肯定能获得更有吸引力的花园、场地和周边景观的景色，但是如果能谨慎地遮掩住宅，用与住宅同高程的入口空间进行引导，同样能让人感觉到建筑具有良好的选址。

如果你能决定住宅在场地中的位置，那么应该在南向和西向留下更多的场地，这样能充分挖掘各方面的潜质。一般而言，住宅也应该位于场地中靠近入口道路的三分之一处。不仅仅大型庄园应该如此，所有周边具有花园的住宅都适用。如果住宅过于靠近场地的入口，会让人觉得平庸和城市化；而适当地退后则能获得典雅的气质。平衡好这一关系很重要，因为在住宅前面留下过大的场地将会减少后面的私密空间。

位于纽约上区的住宅，通过门前花岗石的圆形铺地，突出了入口，和使用同一铺地材质相比也减小了这一空间的尺度感。

到达空间

如果业主幸运地能选择主要入口道路的规划，对他们而言将十分有利，因为住宅的入口道路很大程度上影响着人们对住宅的感觉。这包括入口道路的方向，以及入口道路和通往住宅前门小径的联系形式。如果住宅的主要入口本身不是很明显，将更让人迷惑。不过在这样的情况下，具有明显的达到住宅的主要路线十分重要。改变住宅现有的入口道路或路径看起来不太现实，但是如果它们没有按照最人性化的方式建设，这种改变能获得良好的效果。很多住宅建造商设计的布局仅仅由造价决定，而没有考虑如何最终让业主获得最实用的空间。显然，当购买较新的地产时，可能有机会对场地的布局提出建议。

44　大型花园的设计与改造

确保围绕住宅的次要道路比进入住宅的主要道路明显地窄一些。

左图 道路的不同宽窄暗示出主要道路。

上图 最宽的砖铺道路表明这是主要路线，而淡一些的大理石小径表明这是次要路线。

地产中可能需要将主要道路和其他路线区别开来，不同的道路宽度和铺装能形成道路的等级体系。最宽的道路自然应连接到住宅的主要入口，使用最高质量的表面材料。例如，主要道路可能使用自然石材，那些使用块材或碎石铺装得窄一些的道路则很明显是次要等级的道路，它们可能是从停车场到住宅的小径，或是住宅侧面的小径，或是运送垃圾桶的小径。

有些地产，住宅的主要入口可能不在"前方"。与考虑太阳方位的住宅布局方法相反，在通往主要户外空间的住宅一侧设计主要入口可能更有意义。在那些现状入口道路分为两条通向住宅的情况中，按照上述原则设计入口道路至关重要，特别是在一条小路通往前门，另一条小路通往后门的情况中。

这条入口道路进行了重新调整以远离地产的前门，从而创造出下车点和停车空间。

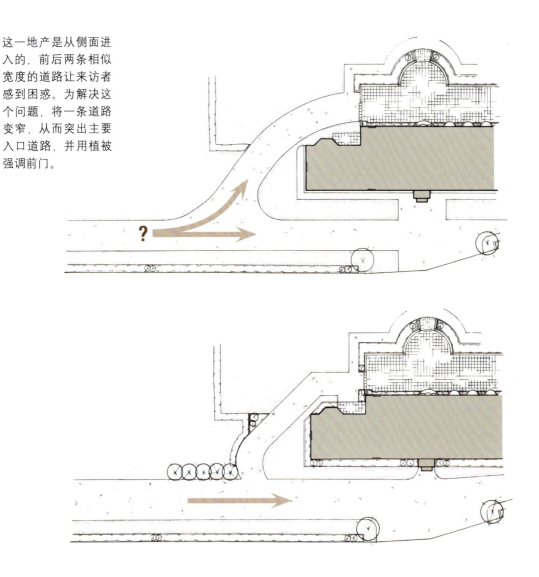

这一地产是从侧面进入的，前后两条相似宽度的道路让来访者感到困惑。为解决这个问题，将一条道路变窄，从而突出主要入口道路，并用植被强调前门。

到达房产的方向可以是多种多样的。可以从车道直接通过来；或是斜交的道路；或是曲折迂回的小径；也可以是上述任何一种类型的变化。

入口道路如果是从旁边或者是以不寻常的角度延伸到住宅，可能会得到有意思的结果。只有两个原因会设计一条道路直接连到住宅的前门：一是住宅非常对称，正式而均衡的入口在视觉上是最为合适的；二是当最为自然的路线是直线时使用者会采用这条捷径，而忽视试图改变这一线路的任何设计。

第 2 章 整合花园与景观 47

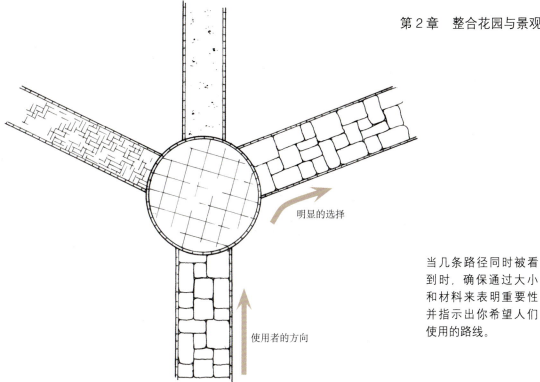

明显的选择

使用者的方向

当几条路径同时被看到时，确保通过大小和材料来表明重要性并指示出你希望人们使用的路线。

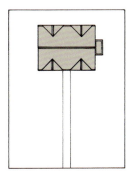 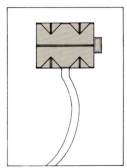 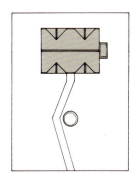 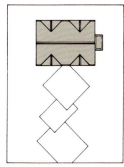

上图 四种通往前门的路径布局方式。

右图 图示使用者面对蜿蜒的入口道路可能试图采用的捷径，可以使用小品或植被阻止使用者采用最为直接的路线。

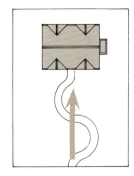 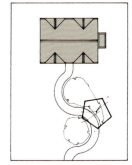

较长的入口道路更容易改变路线,也能沿途适当对住宅进行遮挡。如果有足够的空间,曲线的道路总是优于直线,这有利于让入口道路变得更为柔和并逐步将视线引向住宅。

种植也能用以描绘出到达住宅的主要道路。很多住宅附近很少或者是没有植被,建筑基础边缘使用的是砾石层或硬质铺装。结果显得很僵硬,几乎像是倾倒在这儿的垃圾。其实并不需要种植很多植物在房子的周边,哪怕是一条草带也能打破砾石铺装的单调,柔化建筑与地面的交角。同样地,在一棵树木的底部,树干也会变得粗大,形成支撑结构,树木的根系由此发散出去,和场地融为一体。

正如加利福尼亚著名的景观设计师托马斯·丘奇(1902-1978年)所说:"如果停车的地方不显眼,或者没有地方停车,如果前后的出入口难于区分,或者入口的照明很差,你将会让你的客人们感到不悦,这种情绪会长时间地逗留在他们的潜意识中挥之不去。"

种植与色彩

位于城郊和城市中心区的花园需要不同的对待。二者都需要和它们的整体环境相协调,这也就是说花园的主色调应该和周边环境相融合,或者至少是一种补充。当使用那些金黄色、紫色或者是蓝绿色的乔灌木

这个花园中植被的明亮颜色为单调的城市背景增添了亮点。

时，这一点尤为重要，因为这些颜色很容易与其他颜色相冲突。这些颜色的树木如果当做结构性的树种，最好结合那些具有更适宜颜色的树种使用，这样能使它们更好地融入总体的景观之中。桉树的蓝色能融入澳大利亚干燥的景观环境中，但将它们当做城市花园中独立的景观树种时则应十分谨慎。

当周围的环境了无趣味，任何色彩都能成为受欢迎的景观元素。在一个充斥着混凝土、灰色主色调的城镇环境中，明亮的色调，如紫色、金黄色和蓝色将不仅仅是一种补充，而是一种色彩的注入。如果使用本土树种，那只能是取得和当地景观的自然协调。

防护林与林地

防护林

防护林经常种植在地产的外部边缘，为整合花园到周边景观作出重要的贡献。比较典型的方法是复制或者至少是补充当地树种从而获得良好的过渡。种植防护林并不代表懦弱，而且只有场地允许的情况下才能实现。

防护林采用密植的方式形成带状。好的防护林并不是一堵防风的"绿墙"，而是降低风力的过滤器。这与多重结构的筛网有相似之处：降

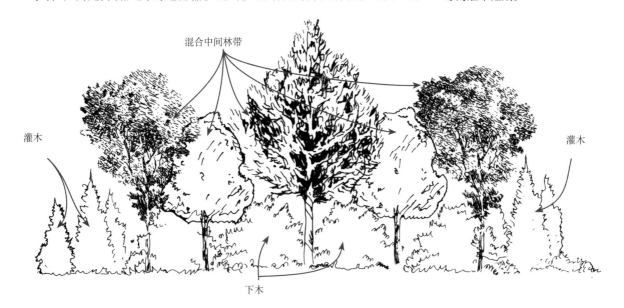

一个简单防护林结构的典型剖面，由混合中间林带、下木和边缘的灌木组成。

50　大型花园的设计与改造

典型的 20m 宽防护林布局。

下木树种

骨干树种

骨干／辅助混合树种

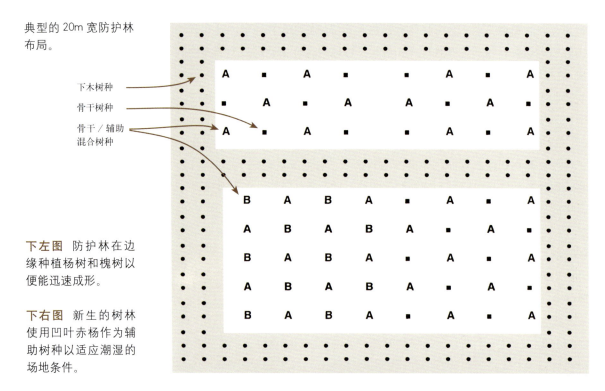

下左图 防护林在边缘种植杨树和槐树以便能迅速成形。

下右图 新生的树林使用凹叶赤杨作为辅助树种以适应潮湿的场地条件。

低风速，减弱风力。从花园的角度而言，其结果是减少风力以增加花园内部的气温。在建造花园时风能成为最具破坏性的因素，通过降低主导风的频率和强度，植被能更容易种植养护，那些耐性最差的植物也能生长。防护林也能减少对那些纤细的植被或是树冠很重的树种用桩加强的需求。

防护林的基本构成是树阵，由不同树种混合种植成网格状。混合的树种中应该包括速生树种以形成对花园和慢生树种的初期保护。速生树种一般被称为辅助树种，当目标树种长成后便被移除。目标树种或是骨干树种必须是种植的远期主体种类。一旦骨干树种长到足以能形成风的屏障，那些一开始用以辅助它们生长的树种就能移除掉。成功种植的防护林的关键是混合树种的选择。这不是简单的种些树而已，而是应形成常绿树种和落叶树种混合的林带，用一系列的植被形成不同的层次，灌木也是形成混合林带的重要组成，同时也常用以构成林带的边缘。更多关于植被种类选择的信息请见第 6 章。

林地

很多大型花园的业主拥有一些现存的林地，规模较大的林地价值无法衡量，它们可以说增加了花园的新的量度。当着手建造林地之前并不必要拥有房产，显而易见的是大规模的空间还是必需的。没有什么快速建造林地的方法，而林地也往往被看做是留给后代的遗产。从本质上而言林地和防护林很相似，也可以用相似的方法建造。主要的区别是林地更为广阔，并且拥有林下空地的区域。防护林是密植的乔灌木林带，而林地则包含着让光线进入的林间空地。

拥有林地的花园毫无疑问还能带来野生动物。常绿和落叶混植的果林能吸引各种各样的鸟类。成功的林地拥有各种不同的空间，有着不同的光照条件，为不同种类的植被创造了生存环境。对某些业主而言这是体验不同植物的好机会。现在很多来自林地的球茎和多年生植物在花园中运用得很寻常，在花园的林地中也能很好地生长。对另一些业主而言，林地的建造能减少维护的工作量。这并非说建造一片树林然后就不管它了，而是意味着简单的定期护理就能使林地大受欢迎并易于管理。无论是作为小孩的游戏场地，还是平常散步的场所，或是坐在树荫下纳凉的地方，林地都是很好的娱乐区域。在建造林地时，正常的步骤是首先建

树荫下种植几条带状的常春藤以增加趣味性,通常球茎植物是增加趣味性的最好方法,但在这里地被在全年都应有其价值。

林地的开放区域提供了生长大片球茎植物的条件,在春天将非常美丽。

造防护林,以便保护林地和加速其生长。通常这意味着应该在林地建造前五年便开始建造防护林。更多关于林地植被种类选择的信息请见第6章。

灌木与小树丛

  灌木与小树丛能柔化林地的边缘,同时也是林地与草地之间的过渡元素。这是另一种生境,具有较强的适应性和承载力。灌木林地更适合那些分布着不规则小径的空间,或者是清洁区域,以及经常使用易于损

不规则的大片种植为林地的春天景色增加了吸引力。

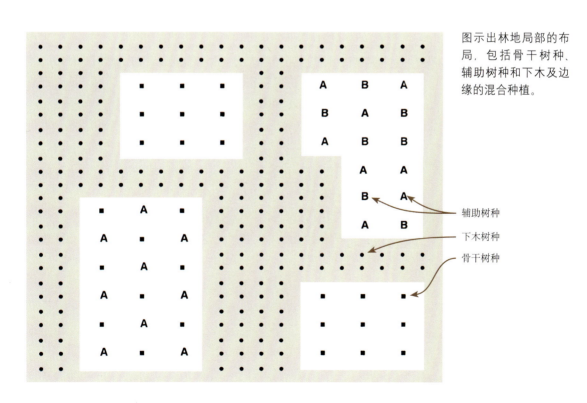

图示出林地局部的布局，包括骨干树种、辅助树种和下木及边缘的混合种植。

辅助树种
下木树种
骨干树种

耗的地方。种植的品种和林地边缘的混合树种很类似，可以增加一些其他的植物品种获得变化。理想的绿化覆盖率是30%左右，让不同的灌木林地间留有开放的场地。灌木林地和小树丛（小树丛是指小乔木形成的林地，比散布的灌木丛有更高的覆盖率）同时也在花园中创造出更多样化的视觉景象。

布局

临近林地或者是防护林分布的灌木丛，混合品种的下木呈指状以1m（3ft）的网格延伸出来。那些独立分布的灌木丛每丛包含20—50株，间距1m（3ft），或者是每丛2—3个品种单元。由于它们联系着靠近住宅的主要植被，所以实际选用的品种比防护林或者是林地的树种更具有装饰性。

案例研究
奥琛德雷（Auchendrane）住宅

奥琛德雷住宅位于一处小规模地产的中间位置，周边景观主要是开放的公用土地和大约有120年历史、与改造及扩建房子同时种植的成熟人工林。当我走近房子的时候发现很多没有利用的潜质。那条两边种植着成熟的人工林，有着柔和曲线的车道，增加了沿路开车上来的造访者的期望值。从两边大树厚重的树冠下可以瞥见开放的田野和草地，直到由红杉夹道种植的入口道路引导到住宅。这些沿着道路长成的红杉散发出庄重的气氛却几十年来没有人维护，因而，这些本应让人印象深刻的红杉往往被人忽视。

这幢坐落在好几英亩区域中的住宅的主人，对场地只简单地作了调查，没有体现出对周边景观联系的思考。解决的方案并不是创造一种从建筑延伸出来的壮丽景色，将住宅、花园和周边景观联系起来，而是在临近的场地环状种植乔木，最终它们会长成一圈圈风景林，反映出住宅周边现存的树林特征。从而既能让房子控制整体景观而又不对其进行干扰。

住宅前有一大片砂岩矮墙围绕的鹅卵石铺地，实际上一直以来作为停车场使用。车能随意停在前门旁边而没有塑造到达空间，这也导致对

一条围绕着住宅的矮墙连接到房子的一端，阻隔了建筑的进入性。

墙上的一个出入口允许从周边进入住宅。

花岗岩小方石的圈状铺装创造了内外两个区域的视觉联系。

一条曲线的车道将车辆从前门引到停车场,而带状的草地和住宅边缘的种植柔化了墙体和砾石铺装的交接。

一条宽的路径转变为座椅休憩区。

在草地的随机铺装中可以设置座椅用作休憩区,而看上去又不是太显眼。

住宅的忽视。我们采用的方法是用紫杉绿篱将场地分为两块,从而让车远离主要的门口停放。草地将车道和建筑分隔开来,这样为建筑提供了可视距离,以补偿没有较长的入口车道的缺陷。"绿色的裙边"不仅将建筑和花园联系起来,同时也是视觉缓冲带,让人们能更加关注建筑。还设计了到达平台增加了人们靠近住宅的程序,加强人们到达的感觉。虽然设计很简单,但是它改变了这一区域的视觉和使用效果。较长的车道不是唯一的提示住宅入口位置的手法,在这一案例中,建筑本身成为了关注焦点。

这一房产原本是作为狩猎居所设计的,所以并没有考虑有人常住,而且从它的布局可以看出当时并不认为阳光是居住空间的重要因素,所以午后阳光主要照射在建筑前方而不是后面的私密空间。如果在住宅前面增加一个平台会与总体的风格不协调，替代的解决方案是在前门旁边的草地上进行随机的铺装以增加利用阳光的场所。铺装的空间足以容下桌椅，由于不是设计成很显眼的区域，因而相对也不会那么让人瞩目，以至于从住宅整体中脱离出来。

另一个问题是花园的前后部分被现存的砂岩矮墙分割开来，所以后面部分的花园很少有人使用。为联系二者，在现存的矮墙新开了个出入口，并且在地面铺装上使用花岗岩料石铺成圈状的图案形成两个区域视觉上的联系。

后面的花园有条很宽的鹅卵石道路，差不多占据了这里唯一的一块平地。为了提高利用率，在这里根据建筑及其外部空间的尺度设计了一个平台，将道路的两端收小，从而将视线留在这一空间中和平台上。

实用建议

- 不要因为"一直就这样"等理由而简单地接受一个花园的布局，而是要使它符合现在的使用要求。
- 花园的功能具有双重性：在一年中不同时期或者是一天中不同时间能有不同的用途。
- 在花园中和周边景观使用相似的植物能确保一种直接的联系。这无论是对花园内部而言，还是从外面看花园都十分重要。
- 大型花园不是一夜建成的，很多花园需要防护林或人工林的屏障以确保花园中的植被成长。这些都需要很多年的时间。
- 匆匆忙忙地建造一个花园是不可取的。需要知道一天中阳光在花园中的分布，这样能根据使用时间在正确的位置布置休息座椅。
- 不要让花园一目了然，需要创造并隐藏些惊喜的元素。
- 调查花园时带一个指南针并弄清楚北向空间。植被一旦种植在错误的地方便会很容易死掉。

第 3 章
住宅和花园的统一

第 3 章　住宅和花园的统一　59

正如这本书第一章中描述的，通常，把房屋作为一个花园最主要的特征，围绕它将其他所有因素展开设计。但是尽管房屋的现存特征是一个好设计的必然开始，对于那些建筑质量差的房子就没那么容易了。在这种情况下，对于花园所有者或者设计者的挑战是让花园变得精致并与它周围相似的花园区别开。统一和谐的设计将一个好花园和一个杰出的花园区别开。尽管这些花园可以包含不同的元素，但很大程度上依赖于规划和执行。如果大体设计风格已经选定，将会使设计变得更加简单，这所房屋显然是设计的起点。

这些被选定的砖块是为了和房屋使用的材料相匹配并增加乐趣和细节。

对页图　植物靠近房屋，这是为了将建筑引入花园并减少需要人工维护的空间。

材料的匹配

房屋如果使用传统和当地的材料建造，或者如果它们采用了一种特别的建筑样式，将对花园设计提供更多的帮助。通过选用与建筑相同的材料，花园立即可以与建筑建立联系，它将会确保花园和建筑共同发展。这并不意味着对于一个红砖的房子，所有的花园路都必须用红砖来建设，尽管对于一些靠近房屋的重要道路，红砖是个不错的选择。少量的相似材料可以建立与建筑间的联系，然后再选取不同的材料。如果选用和建

红色的砖块
红色的瓷砖
红色的铺路石

石质墙面
就地浇筑混凝土表面
灰色的卵石

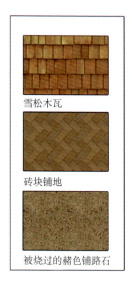
雪松木瓦
砖块铺地
被烧过的赭色铺路石

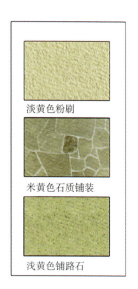
淡黄色粉刷
米黄色石质铺装
浅黄色铺路石

四个竖向的框简单表明了如何搭配硬质景观材料和房屋的主要颜色。顶上一行是不同墙面形式;中间一行是四种主要铺砖形式;最低一行是典型的碎石铺地。

筑相似的材料有困难,或者造价太高,那么颜色的选择就变得至关重要。不同材料间直接的颜色匹配很困难,因为它们中一些有不同的褪色趋势。因而通常最好是使之协调而非匹配,这样,如果褪色出现也不至于颜色刺眼。以浅黄色的铺砖为例,它以黄色作为底色,因而会和黄色系或者在色轮上与黄色靠近的颜色的材料很好地搭配(也就是说,包括橘黄色和绿色)。和红色的砖搭配时,可能选择红色或者紫色或者淡橘黄色。这是一种过分简单化的解决办法,几乎没有材料是纯粹的黄色、橘黄色或者红色。如果选择预制混凝土和建筑搭配,记住它们会随着时间改变和褪色,可能最终会和房屋差别很大。因而,简易先取一些材料的样本,在潮湿和干燥时一起看看。这或许看上去要求太高,但对于大多数花园拥有者来说,硬质景观相对来说不常改动,也比较昂贵,因而值得仔细考虑。不能依赖产品目录,因为颜色和纹理在照片里很难完全展现,如果设计者参与其中,最好要一些样品并看看它们和房屋、花园的关系如何。

房间的室内风格常常能作为花园设计的起点。特别是对于一个设计师,房屋传递了业主对于细节设计、线条形式、样式、颜色的喜好的重要信息。大多数业主都希望他们的花园是房屋的延伸,任何好的设计都应该致力于将室内外环境融合。但是,正如第2章中详细说明的,要考虑将花园与广阔的环境融合，与花园本质特征或者更广阔的景观环境有冲突的室内风格都是没有意义的。

另一个花园设计师在寻找业主房屋风格时应当留意的方面是，如果室内设计师在过去的设计中过多地参与了自己的意见，则需要花费更多精力仔细寻找业主内心的喜好。需要记住的是，我们倾向于改变室内比改变室外频繁，最好能集中在主要问题上，如持续的线型、简单或复杂的程度，因为它们正常情况下会一直保持下来，尽管室内的颜色和其他特征会随着时间改变。

围绕建筑和花园的线路

考虑房屋在花园里的位置，如何利用房间的出入口，人们用哪条路线绕行房屋和花园都是很重要的。尽管大多数住宅前后都带有花园，这一章主要讨论住宅如何处理与主要的私密空间的关系（通常是后面）。这是花园让人们感到最放松的部分，而最重要的方法是让花园和建筑产生联系。

从住宅如何进入花园？可能通过房屋一侧的通道；从休息室的门；或者从位于厨房处的后门。入口作为花园和住宅最主要的连接而具有一定的影响。第一个问题是这种连接是否令人向往。答案通常是肯定的，

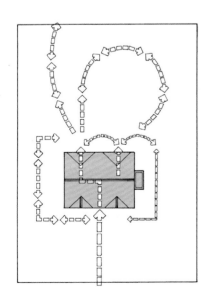
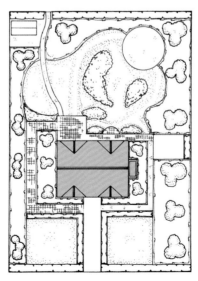

图片显示了如何找到穿越、围绕住宅和花园的潜在运动，(左图)可用以限定小路和花园内空间的级别（右图）。

因为这常常是花园的一个主要功能。接着的问题是倾向于无缝的连接，还是倾向于感觉像进入了另一个世界？当然在二者之间还有不同程度的选择。在建筑里，有人把整个室内装饰成同一个颜色，将房间混合；另一些人将每个房间用不同的颜色。花园应当反映出这些喜好。

朝向

历史上，当业主计划建造一套房子时，会选择房屋的朝向，入口不变地安排在西北侧。厨房最靠近厨房花园，休息室（画室）在东南侧或者西南侧，餐厅在北侧。现在，几乎没有人拥有厨房花园，餐厅也不再简单地留作晚餐用。很多人把他们在家的时间用在厨房里，或者准备食物和饮料，或者用洗碗机洗碗。因而，厨房安排在有阳光并且景色优美的地方就变得很有意义了。这反映了我们生活的变化如何改变我们对于住宅和花园的要求。

首先应考虑的是花园在一天中不同时段的不同用途。花园每个部分的朝向决定其用作不同的活动空间。朝南的部分将受到最强烈的太阳照

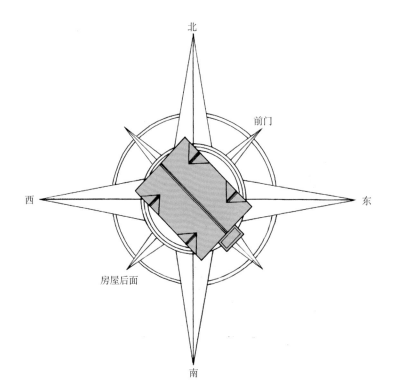

当建造和重建一个房子时，如果能实现最佳朝向，就能在基地上得到最大的使用空间。

第 3 章 住宅和花园的统一 63

一个岛屿式的静坐区域被安置在自然植物之间,并能捕捉到下午的最后一缕阳光。

基于朝向的活动。

午饭　阳光浴,小孩玩耍
晒衣服
阳光浴
　　　　　　　　　　与客人闲谈
　　　　北
　　西　　　东
早饭
　　　　南
　　　　　　花园储存空间
　　　　　箱子\垃圾

在确定花园布局之前,弄清楚太阳升起和下落的位置十分重要。图片显示冬天较低的太阳高度角。

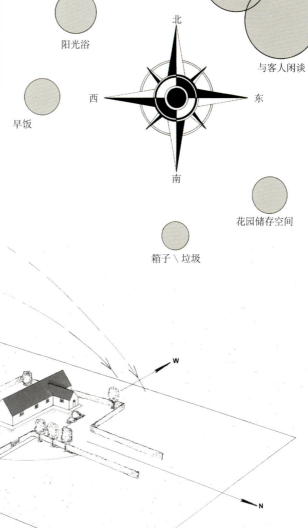

射，依赖于现有的遮阳措施。因而，住宅这一块地方可以用作日光浴，也可以种上树木或安装遮荫设施。这决定于业主的喜好。接收到早晨阳光的地方将是一块小铺地的理想位置，可以用来吃早饭，而接收到最后一缕阳光的地方将适合夏日的晚餐。如果空间没有限制，混合区域能在一天一年中不同时段提供更灵活的使用和选择。唯一的限制就是预算。

当设计能接收到阳光或者提供树荫的区域时，尽管太阳每天在同一个地方升起和降落，实际角度每一年中每天都会有些许不同，记住这个十分重要。特别是如果你偏重考虑冬季太阳高度角而不是盛夏的太阳高度角。

冬天阳光较低，削弱了地面接收到阳光的影响，接收的时间也较短。这就意味着因为太阳角度低的原因冬天易于结霜和下雪的区域持续处于阴影里，因而一直保持较低的温度。在这些区域里的小路可能容易结冰，这将影响到小路材料的选择，选择植物时，应考虑其耐性等级。

显然，功能是花园布局最主要的考虑因素，但是考虑到朝向，植物的选择是关键。这不是简单的植物被栽种在不同的地方，更重要的是考虑植物的作用。充满细节的植物设计和不同植物的组合能使好花园和杰出的花园区别开，但是如果功能定位不合理，它将达不到预期的效果。

闲坐区域，得到难得的午后阳光，在花园中起到中心点的作用。

一个单独的焦点，源于阳光照射它的方式和深色常绿植物的背景。

焦点

当把住宅"锚固"于花园中时，焦点十分重要，它们能引导视线，同时也是使用者从建筑和平台看花园时目光停留的地方。正确地放置焦点十分困难。

焦点的重要性显然与我们息息相关。是什么让我们在参观花园时想沿着小路走走或是拍个照片？答案几乎毋庸置疑是因为我们瞥到了想再多看看的东西。可能是远处的大花罐，或是从枫树上发出的耀眼的秋色，抑或是穿越中距离树群才能看到的某个东西。如果附近没有什么新的东西看，我们将没有在花园中散步的动力。

意大利古典花园和法国文艺复兴时期的花园都是创造艺术焦点的典范。正确地放置焦点是一个成功的花园最重要的因素。并非一个雕塑或者花园装饰物的质量和价值决定它的影响，而是它们如何在花园中摆放。就像句号在句子中的作用一样，焦点就是视线的终点。

一个花园到底需要多少个焦点？如果花园中布满焦点，将失去冲击力变得很平淡。依据它们各自的特点，有的用以在花园中从视觉上连接特定的区域，有的则在需要的地方转移视线。有些时候，在花园外有些很有价值的点，可以作为焦点。当远处没有东西可以注意时，或者最好

吊椅就像一个中间的焦点，吸引眼球并把视线推向远处的焦点。

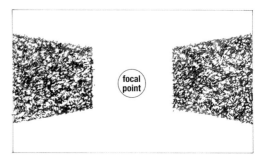

这些完美平衡的常绿树篱将视线引向远处。树篱向远处退去，它们的形状缩小，因而将视线引向一个精确的焦点。

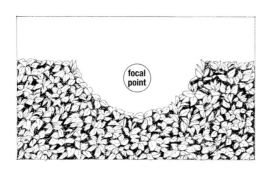

这个被削减的树篱让目光先停留在弧线上，再集中到焦点。

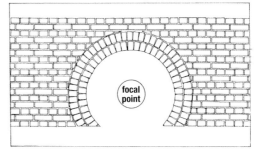

这个月洞门穿过砖墙，开了一个窗。窗常常能吸引人们的视线，并把视线引向焦点。

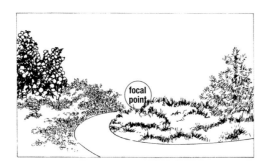

弯曲的小路越来越窄直至慢慢消失，将目光吸引到景色的中心，并达到景色的焦点。

前景树框出了景色并突出景色。选择树干正好比视线高的树木，并把它们种在靠近核心观赏点或停留点的地方。

不要吸引注意力时，花园中的焦点能避免视线游离在外。就像约翰·布鲁克斯（John Brookes）所说："当基地外没东西可看时，设计必须转向内部并创造内部的吸引点。"

所以，好的焦点由什么组成？当然，不是单一的材料或者物体就能达到最好的效果。除了摆放，焦点的颜色、精细程度都会影响效果。

当一个雕塑放得靠观察者很近，细节将会留住观察者的视线。如果从远处看，轮廓形状和颜色将会更重要。

雕塑作为焦点

雕塑被当做焦点通常是很有效的，特别是在一个规则式的背景下。将雕塑放置在它的质量和细节都会被适当看到的地方是很显然的，也可以通过背景强化效果。如果物体有很多细节，简单的背景效果最好。可以选用平坦的墙面、表面平整的树篱等表面平坦的物体。相似地，如果雕塑上有简单而清晰的线条，它最好放置在一个有细节的背景前。当雕塑或者物体，比如罐子，放置在植被床里作为焦点，也是一样的道理，线条简单的物体能衬托出植物的细节。

只有雕塑能确实增加景观效果时才考虑使用它。不同的物体应当独立放置，因为过多的物体集中在一起会彼此减损影响力。当雕塑放在布局的前景处或是中间区域时，它们可以作为辅助的或是过渡的焦点。它能让眼睛得到休息，然后将视线引向更远的最后视线焦点。

指向焦点的视线可以用种植加以强调。乔木、灌木、树篱平衡地出现在视线的任何一侧都能将目光引向理想的方向。用不明显的方式引导视线可以种植乔木，它们允许视线从树荫下穿过。编织树篱（树枝纠结在一起）能起到一样强烈的集聚作用，同时允许透过它看到花园的其他部分。编织树篱也是用以替换密集树篱的一种常用方式，因为它们能让

上图 金字塔式几何形状的雕塑在充满多年生草本植物的背景里。

左图 小羊的雕塑在视线前景里是过渡的焦点。

下图 前景里石质的雕塑在其后色彩丰富的植物吸引人们的眼球之前,成为最早的吸引点。

第 3 章　住宅和花园的统一　69

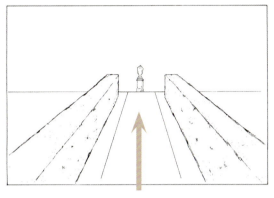
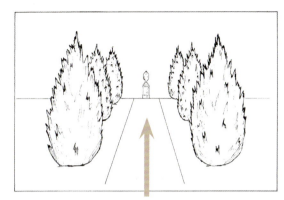
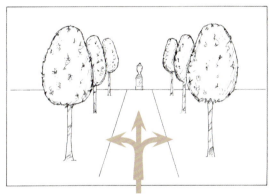
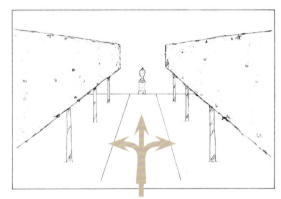

上图　这四组景都将人们的视线引向最终的雕塑。下面的一组没有强烈的方向感，因为眼球被树枝间的景色吸引。因而这种方式用在花园别的部分或焦点也希望被看到的时候。

下图　远处正前方有一个焦点，显然有一种明确的推力将参观者引入花园。

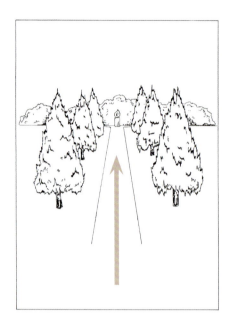 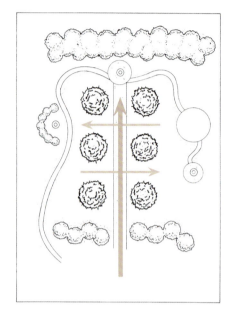

小花园中的交叉视线常常被保留，在小空间中增加细节。但是，在大花园中，它们也能增加复杂性。线稿（左）显示了强烈的聚焦视线集中在雕塑上。平面图（右）表明在主要景深上安排其他的视线并不会影响中心视觉。

光线穿过或者视线穿越。

在一个花园设计中引入不同的视线和视觉体验将增加花园带来的乐趣。花园中不同区域视线的交叉，一些指向可以到达的区域，一些仅仅指向好的视野，将会创造很多乐趣。这个方法也能扩大视觉空间，对任何大小的花园都适用。

曲线的作用

当考虑焦点和引导视线时，我们常常想到的是直线。然而，曲线也能为花园增添奇妙的感受。

在 Graham Colliers 的书《形式、空间、视觉》中的插图，说明了我们是如何看待物体并在我们的脑海中创造它们的联系的。第一眼，插图（反面）好像展现了放置得很好的一组卵石，有大有小。继续看时，你会发现你的眼睛不是从右下角开始看就是从最大的开始，看过每一个卵石，产生想象中的线条。就像我们把彩色书上的点连接起来一样的方法，我们在看上去杂乱的卵石间创造了小珠子的连线。眼睛总是愿意被引导，因而乐意对视线前有趣的点作出反应。当设计空间和在空间里放

第3章 住宅和花园的统一 71

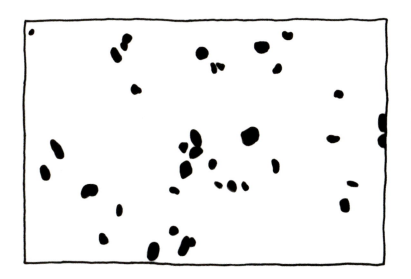

如果你盯着这些黑点，你可能就会发现你的眼睛自动地找它们之间的相似点，并把它们连起来创造一个独一无二的实体。眼睛会自然地对空间和物体做同样的事。

在 RHS Chelsea 展示花园，植物像点一样散布在花池里看上去像一条植物组成的线。

在英国 Surrey 大学校园走廊里，有一种强烈的带有方向感的推力，几乎没有让人停留的机会。

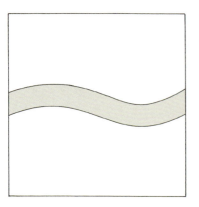 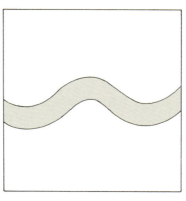 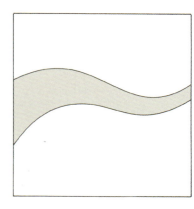

左图 不同弯曲程度的小路
平滑的小路：鼓励使用者慢慢行走，观察临近的植物和其他特征。允许观察所有的东西。

中图 曲折的小路：使用者会加快他们在小路上的步伐。允许观察沿路部分景观。

右图 渐窄而弯曲的小路，产生强烈的流动感。使用者将被引导只关注终点。就像有一个错觉，让路看起来比实际更长。

置物体时，我们应该注意这个原则。还有一点需要记住的是眼睛不仅会被植物和雕塑吸引，也会被胡乱放置的一堆东西吸引!

　　弯曲的小路让人们在公园中的漫步感觉更自然。同样的距离可以使用直线的或者弯曲的小路，但是弯曲的小路感觉更舒服。平滑的线条让人们的眼睛向前看，并引导观察者向前行。直线给人们一种明显的拘束感，让花园感觉像是人工的，交汇点就像是精心设计的停留处。曲线的道路可以带来相反的效果：当然它们能引导围绕整个花园一圈，但是在交汇点和方向变化的地方不是那么明显。

　　在花园中使用曲线道路或者平滑路线时应当注意弯曲是为了什么。如果线形过于强烈，就可能把一个让人放松的弯曲小路变成一个强有力的导向工具，强迫使用者从一个地方到另一个地方。

　　按照通常的规则，当一条弯曲的小路能分解成几个部分，它们的组合超过四分之一圆弧时，这条小路变得更有方向性，而降低流动性。将这条道路在转弯处的宽度放大并与曲度更大的弧线相接，会把访问者和

第 3 章 住宅和花园的统一 73

使用者引向另一个空间；如果把小路尽头变成一个自然静态的空间，效果会更好。曲度大的小路不能滥用，最好用来连接那些基于圆形的空间，这将使整个设计更加整体，并成为连接不同个性区域的桥梁。使用圆弧的效果请见下图。

当在花园中使用轻微弯曲的小路时应注意遮蔽较直的路线，这样人们的直觉不会让他们有意识或无意识地选择捷径。

将焦点和弯曲的小路结合常常是非常成功的。与直线和焦点规则的形态相比，弧线优雅地引导人们的视线，形态也更优美。弧线还提供了一个离开中心放置焦点的机会，并引导人们的眼睛扫过它。

因为曲线的视线引导特质，流动的线条也能指引视线到不可见的焦点。我们都是天生的好奇者，曲线引诱我们去寻找在下一个转弯处，视线之外的终点。在花园设计中使用曲线当然并不新鲜。倡导曲线的最著名的人士之一，19 世纪美国景观设计师奥姆斯特德写道："我们应当推

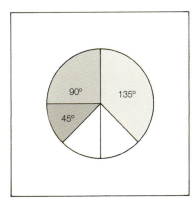
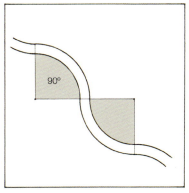

一个圆被分成了几部分，45°、90°、135°。通过使用圆规，道路可以使用这些角度，并很容易地在基地上布置出来。不同的角度创造出不同的流动性，以适用不同的情况。通过使用组合弧线（不包含直线段），综合不同的角度，显然可以创造出有机的弧线。

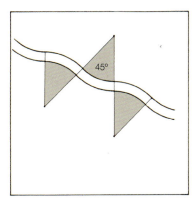
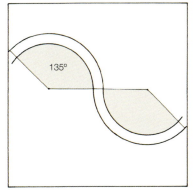
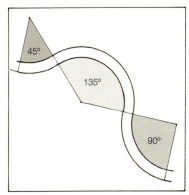

在苏格兰 Dumfriesshire 的 Portrack 花园,楼梯平台流动的线条产生了不可抗拒的推力。

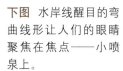 下图 水岸线醒目的弯曲线形让人们的眼睛聚焦在焦点——小喷泉上。

荐使用优雅的弯曲线条,宽阔的空间,避免尖锐的角落,暗藏的思想就是休闲、沉思、愉快的平静。"

曲线的优点被广泛地赞誉;年轻的设计师、花园业主常常用曲线来

第 3 章 住宅和花园的统一 75

弯曲的小路将人们的视线引向远处的钟塔。

直路尽头的焦点。

位于弯曲小路终点的焦点。

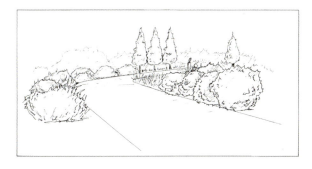

创造放松的空间。设计师在选用曲线时唯一需要注意的情况是住宅的设计采用的是直线，这样的情况，最好在房屋附近呼应这些线条，并在花园深处使用曲线。

案例研究
Hazeltonhead 花园

这个案例的业主不喜欢他们前面的花园。白色的尖桩栅栏将质量不高的草坪围起来，灌木和针叶树混杂，围绕在场地周边。业主从没有使用过前院花园，仅仅简单地穿过它看远处地平线的风景。花园使用者关注某个区域而忽视其他是十分普遍的，前院花园通常就是没有被充分利用和缺乏良好效果的地方。

Hazeltonhead 花园的设计灵感来源于起伏的土地上弯曲的石墙。一系列的三点圆弧曲线形干石墙从此处演化而来，不仅起到限定空间的

曲折的道路将参观者引向尽头的庭院空间。

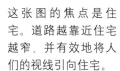

这张图的焦点是住宅。道路越靠近住宅越窄，并有效地将人们的视线引向住宅。

作用，而且提供庇护。在建造这些墙时，创造了不同小气候的区域，并且有利于脆弱植物在这里生长。

前院既然利用率不高，就有明显的机会创造一个景观较好的静坐区域。业主十分幸运能看到乡村的全景，因而在远景中创造一个焦点就很有意义了。在这个案例中，静坐空间的附近设计了一个圆形空间，最终它将成为一个小水池。由于现在有小孩在家，这里是一个小沙坑，但是一定要记住小孩会很快长大；一旦孩子们离开，父母总是不愿意很快将以前的痕迹清除，许多花园有大型的蹦床，尽管孩子们已经离开去了大学！

因为这个案例的业主喜欢曲线的非规则形式，平滑曲线的道路很好地吸引他们到了花园空间。除了曲线形的道路，还有一条窄路形成了一条动态的线，将人们的目光引向静坐区域。在石墙里，多年生草本植物用不同的颜色给草坪镶边。这个花园缺少结构性的种植和四季如画的植物；但不失为一个夏季花园，它将在一年的其他时间内融入到周边背景之中。

颜色的使用

人们在花园中对颜色的喜好如同在室内一样。绝对没有两个人是一样的，因而个人对颜色的喜好也不同。颜色可以引导人们的心情和感觉，并影响人们在花园中的整体体验，和其他元素一道，它是花园潜在结构和设计的决定因素。它可能是花园中的临时元素，也可能是不断提高花园品质的因素。颜色可以让人放松或者激动，并为花园和室内带来温暖或者寒冷的感受。因而花园中颜色的使用必须充分考虑。

绿色将会是花园中主要的颜色。如果对颜色没有适当的考虑，那么绿色自然就成为主导，一些季节性色彩也会自然地出现。

Penelope Hobhouse 曾经说过："颜色从来就不会独立地感受到，但是一直受到图片中其他因素的影响。"记住这些，大型花园的所有者应该高兴，因为他们具备拥有各种空间的优势，可以用不同的颜色主题而不会互相冲撞。同样地，有很多房间的大房子可以在不同的房间里使用不同的颜色，而一个开敞的公寓或者谷仓的改造则需要所有的装饰一起配合。

上图 明亮的橘黄大丽花与蓝色的猫薄荷（*Nepeta mussinii*）强烈对比。
左下图 淡绿色的叶子和假升麻（*Aruncus dioicus*）的白色羽毛与雨伞草（*Darmera peltata*）蓝色的花形成强烈对比。
右下图 银叶麦秆菊（*Helichrysum petiolare*）的银色小叶子在八仙花（*Hydrangea macrophylla* "Hamburg"）的深红色花间匍匐。

第 3 章　住宅和花园的统一　79

在早秋开放的纳丽石蒜（*Nerine bowdenii*）的花能在大多数花凋谢的时候为花园增添颜色。

红萱（*Hemerocallis* "Stafford"）明亮的花朵（**左**）。

大星芹（*Astrantia major* "Rubra"）精致的粉红花朵(**右**)。

　　不止是大小对颜色有影响。花园的位置和它接收的阳光将会对里面的颜色有直接的影响。阴天，在花园中柔和的颜色常常配合得很好，因为当它们不被阳光照射时，柔和颜色间的差别变得更加明显。因而，在有阳光的地方，我们可以在花园中用明亮和鲜艳的颜色。另一方面，在晴天看上去很有效果的设计很可能在阴雨天显得俗气、太过明亮。在加利福尼亚，明亮热烈的橘色好像很合适，然而在北部地区，它们不合适，在花园中会显得过于突出。

　　当使用植物作为颜色的来源时，不同的植物显然有不同的效果。树木和灌木有不同的颜色，并呈现出不同的季相变化，但是它们最主要的贡献是在结构和形式上。多年生草本植物和球茎是花园中颜色的主要角色。仔细的规划能控制和利用它们的效果，并创造出趣味性和一年中不同季节的颜色变化，而不仅仅局限于春天和夏天。通过仔细的选择，它们的季节性能被延长。一些早开的花在冬天雪融时就开了，其他的开得较晚，但是会一直持续到 10 月底。在冬天，花园将会依赖常绿的灌木和乔木来保持颜色，也依赖死去的花头和挺立的小草，这能描画出美丽

桦树（*Betula utilis* var. *jacquemontii*）变白的主干在冬天和春天十分醒目。

上图 粉红和红色的和谐，同时与色谱另一边的绿色产生强烈对比。

上图右侧 紫花景天（*Sedum telephium* "Matrona"）粉红的头增加了红叶新西兰麻（*Phormium tenax* "Aropurpureum"）和细茎针茅（*Stipa tenuissima*）种子的冲突。

右图 和谐的颜色确保了边界看上去像个整体。

的寒冷时期的图片，尽管是单色调的。一年生植物能被用来创造不同时间不同主题颜色的感觉，但实现它们都需要有很大的劳动强度。经过仔细的规划，球茎能弥补季节间的间隙。

当使用一个强调色时最好将其与其他颜色独立开来，这样才能从背景中凸显出来。选择色轮中相对的颜色能取得最好的效果。因而在绿色树篱前最有效的强调色可能为红色。如果紫色的山毛榉树篱环绕花园，那么黄色或者金色的植物将会十分奏效。

另一个选择植物颜色的决定因素是希望效果要持续多长时间。如果是永远，那么常绿树和灌木将会非常有效，但是如果只为了一段很短的时间，球茎或者一年生植物可以使用。如果颜色仅仅持续一个季度，落叶灌木可能比较合适。色彩丰富的雕塑能填补整年颜色的空白，也最持久。适合这个特性的空间大小将会影响选址、材料和设计。

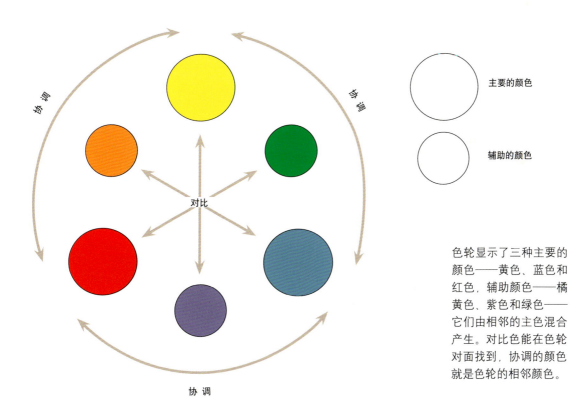

色轮显示了三种主要的颜色——黄色、蓝色和红色，辅助颜色——橘黄色、紫色和绿色——它们由相邻的主色混合产生。对比色能在色轮对面找到，协调的颜色就是色轮的相邻颜色。

主要的颜色

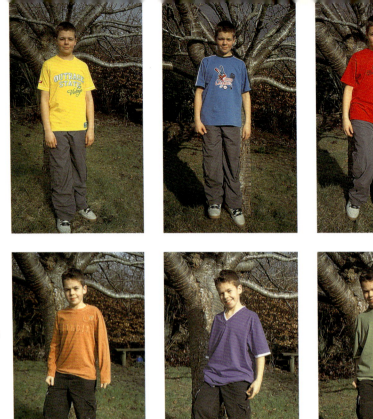

辅助的颜色

对比色相互冲突

互补色相互协调

第 3 章　住宅和花园的统一　83

在色谱中蓝色和绿色相邻，但是在矮生欧洲紫杉（Taxus baccata）构成的较暗的背景下，让喜马拉雅罂粟苍白（Himalayan poppies）的蓝色花朵非常突出。

在色轮最后的底部，红色在绿色中凸显出来。

色彩指南

通常对于花园的一个特定区域（或者房子的一个房间）限制选择色轮某个区段的颜色将会增加和谐与宁静感。这并不意味着必须采用阴暗的粉红和蓝灰色；也可以是跳跃的橘色和红色。通过尽量减少颜色的使用，就能避免视觉上的混杂，创造一个沉静的空间环境。同样的逻辑，当在花园中不同区域使用不同的颜色，它们应看起来各不相同。这样必须创造不连续的空间，或者对视线和体验有良好的控制。唯一的替代方法是通过不同季节和花季将颜色区分开。在一块区域使用一个色系区域的花，从视觉上通过花期区别，这将会创造一个充满活力、不断变化的空间。这要求有大量的规划工作，并细致地了解植物的特性和生长习惯。

通常如果要将颜色区分开，白色可以起到很好的效果——它可以避免颜色间的相互冲突。

一些永恒的准则适应于任何情况：一般而言，叶子颜色较淡的植物可以将花园中较暗的地方提亮，在较亮的区域，明亮的、对比强烈的颜色将会更加合适。以薰衣草银色的叶子为例，它很自然地适合阳光充足、排水良好的区域，但那些金色叶子的植物适合在花园中暗的、潮湿的角落提亮颜色。更加详细地利用植物颜色生长特性的建议在第 6 章中。

给你的花园拍照

在花园中不同区域拍照作对比是很有帮助的。在考虑花园的任何方面，不管是颜色还是结构，都是很有用处的。黑白的相片能显示颜色的相对强度，从而暗示出不同元素的相对颜色重量。不必使用黑白胶卷，可以简单地将颜色黑白复印。这将会突出花园整体结构而不会被多种颜色分散注意力。在创造一个较规则的景象时，它能确保色彩强度的再平衡，当创造一个非规则的景象时，它能确保被颜色掩饰的元素不会影响整体的组合。看到一个花园的黑白图景并找出植物和颜色的最强烈之处，非常令人惊讶。

很有价值再提及 Penelope Hobhouse 的话："你能规划颜色但不能一直控制它。"或许如果我们过分地控制颜色的使用，虽然可能不会出错，但错误常常也是一个创造的途径。自然的组合常常使我们喜悦和惊讶——因而，或许任何有关颜色的策略应该是一个指南而不是准则。

边界的处理

花园的边界不是简单的空间和所有权的边线，它是花园的有机组成部分。在边界生长的树木和灌木变成它里面所有东西的背景，因而它们的作用不可小视。植物的颜色和形状对花园其他部分有重要的影响。如果是常绿植物，它将一直保持不变，但如果是落叶植物，它将随着季节变化并有一种反复的影响。常绿树可以作为装饰植物的陪衬，但是在更广阔的景观中可能会显得不一致。我们必须关注视线所达的花园外部区域，让种植融入背景之中。

遮蔽

需要遮蔽丑陋的景观和附近的房屋时，需要记住把屏蔽物靠近视点只需使用较小的屏蔽物。

不论需要屏蔽的元素在花园内外，第一步是找出哪个方位它们的可见性最强。不必要的元素可以是远处一个丑陋的地标，或者是邻居一侧的窗户，抑或是花园角落不可见的草堆。在一个花园中，使用植物屏蔽不和谐的物品是常用的简单而廉价的解决办法，尽管这不是永久性的。硬质的屏障，如栅栏和墙显然太昂贵了，也需要仔细考虑如何融入花园的整体设计。植物能达到墙和栅栏无法达到的高度；同样地，在植物达到理想高度和挡住遮蔽目标时，企图停止植物的生长也是十分困难的。

大多数花园，特别是相对新的地产，被限制在墙和栅栏的边界里。正是这些墙决定了住宅和花园的视线。在大花园中，这些边界的栅栏和墙没有如此的主导，由于有较远的视野，花园外的景物将会起到更大的作用。

人们经常抱怨被临近的建筑俯视，这也是驱使人们寻找遮蔽的原因。邻居的窗户俯视花园是很让人困扰的，也很难找到解决办法。正常情况下很难确保整个花园不被偷窥，但重要的是在关键区域，比如晒日光浴和吃东西的区域需要被屏蔽。

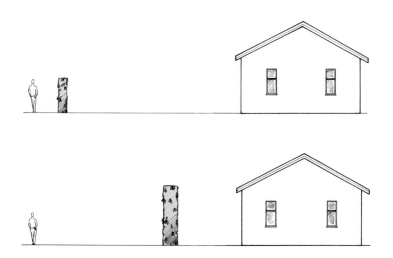

当试图去屏蔽一个物体，当靠近需要屏蔽的物体的视点时，一个较小的屏蔽物就能行。当屏蔽物离视点较远时，它就需要大些。

朝向是设计遮蔽时最令人头疼的,对于一些运气较差的业主,屏障意味着花园损失光线和日光。大花园的优势是它能牺牲足够的空间去获得私密性。而对于小花园在这方面有很多的限制,必须在私密性和光照间作出选择!

用植物作屏障

当用植物作屏障时,选择很关键。大多数人都想要一个快速的解决办法,因而会选择一种快速生长的植物屏蔽冲突的目标,但是已经被提及的潜在问题是植物不知道什么时候停止生长。解决的办法是种植双倍的植物——用快速生长的物种创造最初的屏障,以争取时间让目标植物生长和成熟,然后将前面种植的植物移走。

植物的维护需求必须在种植之前考虑。通常,树篱被用作屏障而不必考虑控制它高度和宽度的长期影响。落叶植物能作为高效的屏障如果它们具有合适的、明显的季节变化。如果花园的使用高峰期正好和落叶

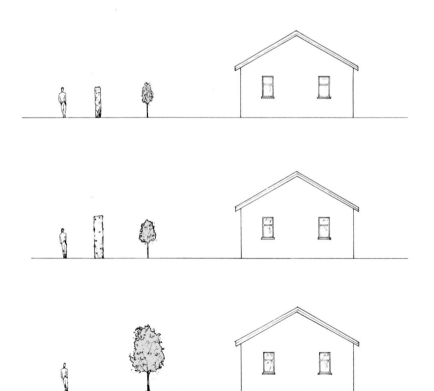

快速生长的绿篱可以用来加快屏障的形成。当成长较慢的乔木成熟后遮挡视线时,绿篱可以被移去。

植物屏障效果最好的时间协调一致,季节的限制不会是大问题,实际情况也常常如此。

用作屏障的植物

在第 6 章中列举了依据屏障功能的类型和成长速度分组的植物名单,它们被分成了不同的组,有的能形成密实的屏障,有的起到"过滤器"的作用,允许部分视线通过。不完全的屏蔽方式也许是一个不太常见的概念,但是在定义允许部分视线穿过的空间时非常有用,部分穿越的目光可以瞥见吸引参观者继续向前的物体。另外,列举的几组混合的植物能形成一个混合的植物组,或是形成连续性的种植组合:有些作为

轻轻摇动的柳叶马鞭草(Verbena bonariensis)就像一个很好的过滤器,减弱了明快的几何形铺装和远处的种植的规则形态。

竹子如果紧密地种植就能用作屏障,如果种植稍稀疏,可以部分地让视线穿过。

刚开始的屏障,让慢生树种有时间生长并长成主要的植物。每种植物都有它们的特性,能产生不同类型的屏障,有常绿、半常绿、落叶型。

在某些时候常绿植物是屏障的最佳植物,它们在全年都有叶子,因而整年都是有效的屏障。但是,需要注意的是,常绿经常(尽管并非总是)以牺牲各色的花卉或者季节变化为代价。

半常绿植物与常绿植物类似,但是在冷的气候地区,它们将会出现落叶习性。它们能产生比常绿植物更多的乐趣,并且能在夏季经常使用的花园中作为屏障。在花园中的某些区域一个完整的屏障可能并不重要,只有它们被使用时才重要。

落叶植物在一年中的某个时间会落掉所有的叶子,通常是在秋天,有时也会在条件很苛刻的时期。一些植物在落叶前会改变叶的颜色,这能带来季节的变化,也能在花园中创造特色。必须注意这个色彩的视觉焦点在花园整体设计中是适当的。混合植物能创造多种秋色的背景,使花园融入周围的景观环境中。

在 Chaumont-sur-Loire 花园节上飞起来的鸭子展示了草在一年中它们生长的旺季也能作为彻底的屏障。

落叶的红枫(*Acer palmatum* "Atropurpureum")明亮的紫色秋叶是设计的亮点。

能被用作绿墙的植物在第 6 章中被分为两个不同的组：一种是形成花园不确定的边界，另一种长成花园的树篱。在这里没有给出植物的生长高度，因为它们常常被修剪成理想的高度。

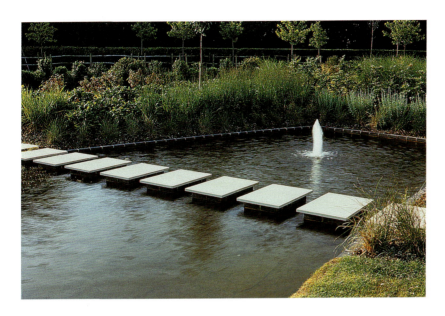

漂浮的踏步在水中形成连接，但是更重要的是作为它右侧雕塑的元素。

联系

所有花园都需要将它们的不同区域联系起来。除非你在处理一系列不同的房间，你不想在它们之间发生关联——这很难见——多数花园是一个整体，各个区域都被某些共同的元素联系起来。就像一个组合玩具（Meccano）模型，在花园使用前，所有区域通过螺栓连接。通常在平面上最容易实现和创造这种联系。

最初的联系是从花园入口到住宅，可以是住宅的任何一个面。最好是你体验花园的第一点。如果这个住宅是独立建造的，或者对花园没有什么考虑，那就必须创造一个起点。

这个起点可以是环绕出口的圆形铺装的一部分，或者离开住宅但在视觉上有鲜明特征的花园起点。这决定于住宅在基地中是如何建造的。在许多新住宅的建造中，它们几乎不与基地发生联系，甚至建造得与基地和朝向相冲突。

90　大型花园的设计与改造

小路连接空间，并作为花园中一种独特的力量。

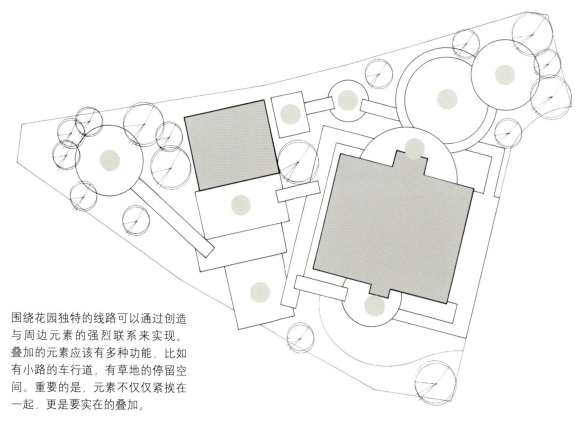

围绕花园独特的线路可以通过创造与周边元素的强烈联系来实现。叠加的元素应该有多种功能，比如有小路的车行道，有草地的停留空间。重要的是，元素不仅仅紧挨在一起，更是要实在的叠加。

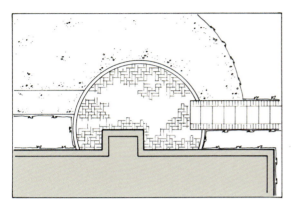
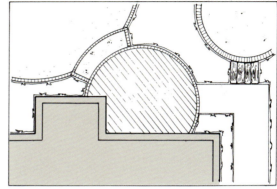

利用靠近住宅出入口的道路能将住宅和宽阔的花园相连。

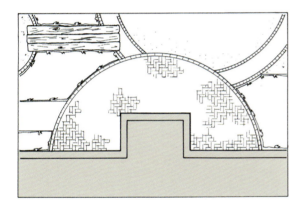

步行道横跨在碎石区域在这两个区域间产生了强烈的联系。

可以利用技术改变现有空间的联系，使得基地得到更充分的利用，或者增加一些布局中被忽视的特质。

在大花园中，空间可使用植物联系，这在小花园中是不可能的。视觉焦点将花园的来访者引向不同的空间，花园中的线条也能达到这个目的。如果你想使用以规则种植的树木限定的，类似于那些从法国凡尔赛宫放射出来的宽阔林荫道，那么视觉焦点最初是无处可看。树

上左图 藤架用来连接两个花园中不同的区域。处理这种半开敞道路的任何一边是非常简单的,允许在任一端做细节。

上右图 巨大的踏步石形成花园中一条宽阔的道路。使用单块的石头确保这条路不成为主导,而是植物的辅助手段。

下左图 小碎石创造了一个随意的种植床,如果需要也可以让人们进入。

下右图 通过简单的草铺的道路,让充满野趣的花园看上去是经过管理的。

形成的线引导我们穿越花园，从一个区域到另一个区域，甚至将我们引向一个更宽阔的景观。在一个稍小的尺度，小路可能是最有效的连接手段。不管它们是被边缘所限定或是与邻近的植物混合在一起，但是，花园仅仅通过小路连接未免有些单调。变化是创造有趣空间和有意味的体验的关键。

步行

拥有一个大花园最大的好处是有机会在花园中散步。大花园，不管是规则式的还是非规则式的，常常受益于从花园中穿越的道路网络，让人们能尽情地享用花园，并能从不同的视角观赏住宅和花园。小路的特征让它们不必很规则，而且不同的类型和构造通常也很有优势。它们甚至不需要建造，可以是穿过草坪区域的一条被简单修剪过的小路，就具有永久但是也相当吸引人的特质。

大部分花园，甚至是小花园，都得益于那些非必要性的道路。不论是穿过现有树林的树皮覆盖的小径，或者是穿过灌木边界的石汀步，通常都以某种形式的次级道路存在。

高程

在处理住宅和花园之间的关系时，最好不要让花园的所有地方都一览无余，有高程变化的花园是这种形式最有趣的例子。尽管这需要额外的思考和资源，但同时也能创造出最激动人心的花园。

高程的变化也有利于在花园里和花园外都有良好的视线的地方设置平台和座椅休憩区。这对公寓花园的所有者而言简直是梦想。高程上的变化使得在花园中的空间体验也富于变化：台阶会增加人们的期望值，让他们感觉被引向了有趣的地方和东西。

山地花园如果难以进入时就成问题。花园中有不能使用的区域，不是太陡峭难以种植就是管理太危险。正是因为如此，花园的所有者聘用设计者的主要原因是设计便于使用的高程。有些时候会遇到不适合建造的坡度，在这种情况下就必须改造地形。这通常包括移动大量的土壤，建造挡土墙、排水沟。

在第 4 章中介绍了处理花园中极端坡度和倾斜度的实用的方法。

两个椅子在升起的平台边缘,扩大了花园里的视野。

台阶

在选择台阶的材料时,最关键的是考虑它们被使用的频率以及条件。首先,在花园中的位置很重要。台阶是不是靠近住宅,引向花园?或者位于花园的尽端引向较不重要的区域?如果台阶将住宅和平台或者其他停留的区域连接起来,那么可以断定它们将使用频繁。而在大型的花园将人们引导到使用量较少的区域的台阶使用率较低。石头和砖块是最坚固的材料,能承受较大的压力。相反,用木材搭建和填充的台阶寿命较短,不适合高强度的使用。

台阶的踢面和踏面的比例关系将会影响行走在台阶上的感觉。如果踢面太高或太低用起来感觉都不好。另外,如果踏面太短或者太长,走起来也会不舒服,这取决于使用者步子的长度。没有建议能使台阶能最大程度地适合每个人,但是有适合大多数人的相对标准。对于台阶的功能,尺度能增加人们对花园的体验感受。高而窄的台阶将人们从花园的

好的台阶的比例是：
踢面高度 ×2+ 踏面长度 =550—700mm
之间。650mm 是比较理想的。
在这个例子中：150×2+350=650

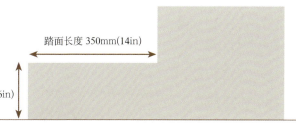

花园尖角的形态与凸出住宅的三角形墙面形态相呼应，花园通过一系列的台地"跌落"到周边的景观之中。

下图 砖墙的颜色与台阶的材料呼应，产生了统一的效果。

类似如台阶等细节的设计必须和空间的尺度产生联系，而非仅仅考虑使用的需求。这些台阶的尺度适用于公园，也与住宅的尺寸相协调，将人们引向花园较低处宽阔的休息空间。

一个区域引向另一个区域能增加人们的期望值。浅而深远的台阶适合缓慢而放松的漫步。这是另一种影响花园使用者感知和体验的方法，也是另一种控制空间和游线的重要方法。

案例研究
东方法夫花园

一幢新的住宅建在两英亩由草地覆盖、有围墙的花园中。花园的所有者在建造花园时作了很多努力改造花园的混乱状态，但是并非所有的元素都利用得很好，大量的区域没有被使用，也没有和住宅发生联系。最初为了创造野花草地，种植橡树树篱将花园较矮的尾部有效地切断。心理上，这对于所有者是个好主意，它创造了两个完全不同的区域，在管理上也能区别对待。花园被有趣但过于强烈的石墙主导，它需要融合。另外，这个花园既没有合理的起点，也没有自然的入口，因而，它并没有和住宅发生联系，住宅就像是降落在草地上的飞船。花园有很多吸引人的独立元素但是缺少整合。

东方法夫花园首要的目标是统一外部空间，并通过设置视觉焦点得以实现。是从设计一个自然的入口开始的。它就直接建在住宅的前门，

第3章 住宅和花园的统一 97

美丽而壮观的石墙需要通过种植从视觉上被打断，避免它们主导整个空间。

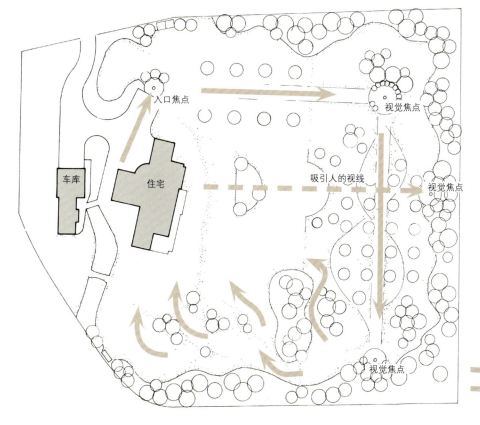

东方法夫花园的平面图。石墙是花园的边界。入口引导向一系列的焦点和林荫道，它们扩大了整个花园的使用面积。

并且和花园较低处一端的篱笆的大门成一条直线。知道从哪个地方能自然进入住宅非常重要；一些住宅的后门是最合理的起点，这取决于建筑的布局和它在场地的位置。

林荫道用来强调入口的直线，视觉焦点吸引参观者进入花园。在本例中，焦点是一圈不完整的芳香的杜鹃。首先，以林荫道尽端为中心种植一个完整的圆，然后在人流的出入口把选择的植物移除。这个圆圈就像个核心，它对于花园的作用相当于起点，它把人们从一个方向带来，将人们聚集在这里，然后再把他们送到另一个方向。

果园种植在较低的区域，修剪过的小路引导人们进入，也能让从住宅顶部窗户看下来的人产生兴趣。果园对于大花园的所有者来说相当普遍，几乎没有人在乎苹果的产量。多数人想要不同的苹果树，这样苹果成熟的时间持续得更长。因此，可以混合种植烹调用的和甜点用的苹果，或者是利于储藏和必须马上吃掉的苹果。果园的一大优势是，排列的果树的开花习性让它们形成了有趣的图案，虽然不一定与视觉焦点息息相关。

在本例中业主可以从他们卧室的窗户看到开花的果树形成的图案，从高处看时更明显。并且，当朝下看通往焦点的中心道路时，视线与街道边的树木平衡，就像是另一边镜子里的场景。穿过果园中心的林荫道有一个雕塑作为焦点，被其后的弧形植被加强。一旦参观者到达雕塑，回到住宅的道路就不那么清晰了。它不必像花园旅程的其他部分那么结构清晰，因为住宅清晰可见，所有参观者都知道回去的方向。沿着大方向回去时经历不同的种植和边界是一种愉快的感觉。与整体的景观结构不同的是，一个小凉亭正落在住宅正对的视线上，并在厨房的窗户的视线上形成一个特殊的焦点。在花园的周边，一摞摞的植物将墙面部分遮掩，部分开放，以寻求视觉变化。植物就像是花园的背景，减弱周围墙体的影响，并把它们和整个主题相联系。

第 3 章 住宅和花园的统一 99

四个平面展示了花园起点通过不同的种植而产生的不同方向的推动力。

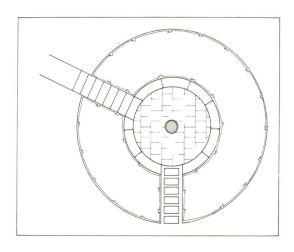

左图 依赖中心的特点，吸引参观者，然后再把他们指向花园。

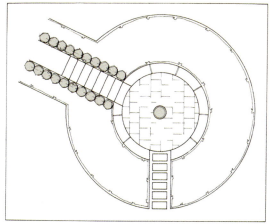

右图 中心视线被两旁道路的种植加强。

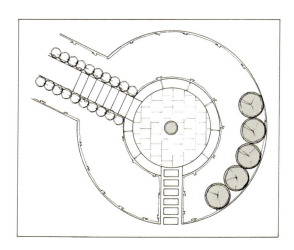

左图 特征物的后侧有植物作为背景；它的影响可以通过使用对比颜色来加强。

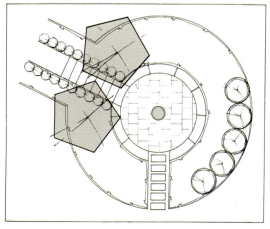

右图 这是最强调中心特征的做法。在道路两侧各种植一棵树用以框景。

雕塑作为焦点，被它后面对称的种植强调。这幅景象展示了如何强调雕塑而不需要将人们引向它。

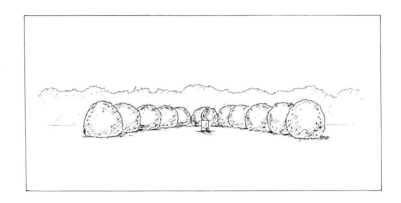

两侧对称的树篱形成了焦点，并产生了强烈的有方向性的推力，确保参观者正好被引向雕塑。

欧洲山毛榉树篱形成的围合吸引参观者到雕塑并进入中心空间。

<u>实用建议</u>

- 尽可能地充分使用你的花园的所有区域。
- 不要在花园中专门为小孩设计一块区域。空间应该灵活设计,并能随时间而不断改造。
- 当花园的某一部分较远或者与花园的其他区域分离时,应当使用较强的设计手段将它与住宅和花园剩下的区域联系起来。
- 尽管花园已经有吸引人的特征,比如石墙,确保它们的效果得到最大体现,但不要占主导地位。
- 花园中的坡地应当被视为一个机会,而非问题。高度上的变化带来了趣味和有利地形;踏步指引人们的视线;坡地让人们的视线从一个高度滑向另一个高度。
- 如果一个区域和花园没有联系,建设一个新的入口将它与花园连接起来。
- 在花园中创造节点和连接点来联系花园中的不同区域,确保使用者能体验整个花园。

第 4 章

管理大花园

第 4 章 管理大花园　103

在平台上使用小尺度的材料确保了空间让人们感觉舒适，而不是感到自己渺小。

对页图　室外房间的概念走到了极端。对于在凳子上坐了很长时间的人，这些墙让人感觉过于突出和不舒服。

　　当一个花园在尺度上感觉私密且人性化时，它一定是很有吸引力的。花园无论大小，空间必须让人感觉舒适，并具有围合感。我们回到了经常讨论的概念"花园房间"上，事实是，无论是被墙纸装饰还是由紧密的树篱组成的墙体，它都成为隔离其他元素、偷窥的视线和外部整体环境的缓冲区。

　　在我们的脑海中，将看到的一切空间和景观与人的尺度相关联。我们只有通过自己和熟悉的事物，如一个站着赞美它的人，一架飞过它的直升机，或者一座河畔的电力塔来衡量大峡谷到底有多宏伟。站在大峡谷旁可能并不觉得很舒服，但在分隔的围合空间观赏公共景区，却让人很舒适。花园也是这样——可以有壮丽的视野，但是若要感觉舒适，多数人需要让人放松的空间。

　　大花园有开敞的视野，但是从一个闲适的平台或者停留区域观看最舒适，这样我们才感到安全。我们都倾向于庇护的场所，这也是花园的主要功能之一。在委托花园设计师时，多数客户都将一定程度的私密性作为最开始的要求。不论是在一天结束时放松地喝一杯，或者在早上穿着睡衣把垃圾倒出去，多数人都希望不要被看到。

　　在大花园中，应该避免把所有空间都变成小且亲密的空间的想法。拥有大面积土地可以通过不同方式使用花园的不同区域。一些区域可以是私密的、围合的空间，另一些区域毫无疑问应宽广开阔。

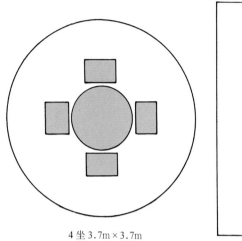
4 坐 3.7m × 3.7m

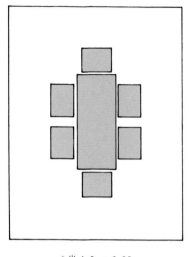
6 坐 4.5m × 3.25m

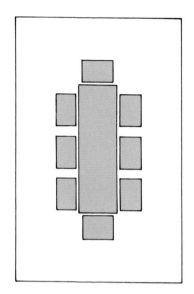
8 坐 5.0m × 3.25m

上面三幅图展示了平台最基本的最小尺寸。出于美学上的考虑，为与住宅和周围空间相适应，面积一般会较之偏大。一般而言，平台的大小不仅能让人们有地方坐下，并应在身后有充足的空间让其他人走过，为他们加饮料。

空间应该多大才合适是没有有效而快速的方法进行判断的；这是非常个人和主观的。但是，在规划和管理大花园方面存在有效的导则。

如何控制比例

"花园是否有自己的建筑系统还是景观的一部分？"(Aben and De Wit, 2001)。De Wit 解释说建设一个花园房间，如果周围的"墙"低于3m 高,周围过多的景色就会闯进空间，从而缺乏围合感。另一方面，如果"墙"高于6m，使用者会感觉与墙失去联系，就像站在井里有被胁迫的感觉。这些导则都是有用的着手点，但是它们也会受到空间大小、使用者能够看到墙的距离、场地的坡度的影响。

De Wit 使用另一套规则定义平台区域，暗示最小空间是 4m × 4m(12ft × 12ft)。她认为我们应该在正常的锥形视野中，能够看到空间的底部边缘。

在21世纪让我们感觉到舒适的房间平均相对量度首先在文艺复兴时得到实验。在那时，设计师旨在空间感觉，并注意不给人们过多压抑或者不失去房间应该有的围合感。在设计空间时，一件重要的事是画出

高度是使用者高度的1.5倍的长方形空间让人感觉放松，属于人性尺度。

比例 图示一个人站在不同大小的空间里。可以作为在花园中决定空间大小和比例的导则。没有对错之分，每一个都有不同的效果。在决定空间的尺寸、墙的高度和围绕它们的植物的时候，想象穿越或者坐在它们中间将会带给使用者的感觉是很有用的。

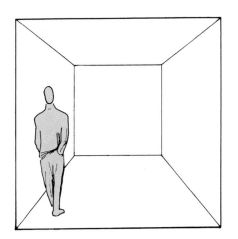

正方形的空间让人们感觉舒适，尽管它让人感觉正式。

高空间让使用者感觉矮小，无论多长时间也不会让人感到放松。

宽而低的空间让人们感觉暴露且易受伤害。

左图 在视觉焦点和核心种植区与能看到它们的区域发生联系时，应牢牢记住核心视锥的范围。

右图 在决定如何定义和分割空间时，使用不同高度的灌木和树篱会产生不同的效果。

右下图 帕拉第奥"七条在建造房间时使用的最优美和谐的比例。"

穿过它的剖面，并将人放置其中，无论是带有准确的高度和视高的未来使用者，还是一个1.7m（5ft6in）身高和1.5m(5ft)视高的标准人体。

对面的图展示了花园如何必须与使用者发生联系。它们描绘了需要使用多高的植物分隔空间，创造一个障碍或者隔离的元素。在文艺复兴时期，是意大利的建筑师帕拉迪奥设定了和谐的比例。但是，这些比例是否也适用于我们的花园？如果我们把花园当做室外房间，是否就会成功出现分隔它们的神奇的法则，不仅仅让花园作为一个单一的实体，也在花园和房屋之间创造自然的联系？在1570年出版的《建筑四书》中，帕拉第奥："七条在建造房间时使用的概括他的想法为最优美和谐的比例。"

为何这些有关比例的规则不能作为导则在不同大小的花园中适用是不得而知的。这些比例应该在设计平台区域或者决定草坪准确尺度时使用是合理的。很多想要设计自己的花园的设计师和一些没有专业知识的人，都有对于尺度的直觉感受。但是对于那些没有直觉感受的人而言，在面对一片空旷的空间时，这些准则是一个理想的起点。

当然，尺度只是大花园设计有效的元素之一。托马斯·莫森(Thomas Mawson)曾说过：

第 4 章 管理大花园 107

齐膝高的树篱或是实体阻挡用作简单的视觉定义。

齐肩高的树篱或是实体阻挡可以作为实体上但不是视觉上的阻隔。

高过视线的树篱或是实体阻挡既是实体又是视觉阻隔。

齐腰高的灌木紧密种植，将会提供一个实质上但非视觉上的阻隔。

高过视线的灌木丛既是实体又是视觉阻隔。

高于视线的乔木在视觉上定义空间，但并非实质上的阻隔。

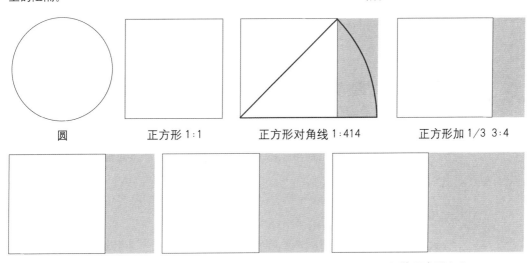

首先，花园应该是花卉而非灌木给人留下深刻印象。第二，花卉应该呈现被打理过的容貌，一个缺少打理、混乱的花园是不好的，仅胜于无。一个作家曾适当地说，花园的布局应是一系列的空间单元，而不是一幅能被一眼看穿的全景图。第三，当花园宣布它为人造景观的同时，也确立了顺应自然、享受自然的目标。另外，花园还必须完成两个目标：从住宅看出来它是联系周边景观的门前场地；而从周边的乡村看过来，它则是住宅的基地和背景。总而言之，它是住宅和景观之间的连接。

树下一张桌子几把椅子，在建筑和周围乡村环境之间创造了一个像世外桃源一样隐秘的联系。

维护

增加的维护工作是许多大花园的所有者在花园设计和再设计时考虑最多的问题。低维护成了所有项目最初委托的一个不可或缺的内容。不幸的是，低维护的花园不存在！所有花园都需要一定的维护。设计中使用某些元素可以降低维护，但是花园自然而然地需要相当大量的维护工作。

草坪、树木和边界

花园需要维护的三个主要区域是草坪、树木和边界。草坪可能是最需要的，因为在夏天要让它们看上去整洁，几乎每周都需要修剪。随着

第 4 章 管理大花园 109

植物的边缘显示出管理较好的外形,不必像方形植物一样需要一年两次的修剪。

在 Ayrshire Skeldon 这个被修剪的草坪看上去很棒,它不让人们在上面散步,也显然不是为了踢足球的家庭设计的。

草的生长,我们也越来越试图控制它。好的设计可以在许多方面有所帮助,如一个好的草坪平面设计可以让人们使用大型割草机进行修剪。一些草坪设计得适合割草机的宽度,但几乎没有花园可以只用大型割草机修剪——事实上,几乎所有花园都有些区域需要小型割草机。在树木附近或者是靠近墙壁,边界的边缘,是大型机器不能奏效的区域。通过地形改造移走草地中最极端的坡地,将边界设计成较长的一段草带,将使修剪更容易。用修边割草机修剪草坪边缘是十分让人烦心的工作。减少

常春藤的枝干被用来作为植物种植床，从视觉上分隔了草地区域，也控制了维护需求。

将草坪修剪成不同高度，能使宽阔开敞的草地在一年中的不同时间增加乐趣。

这个砖块镶嵌的边缘减少了需要的维护，同时也将住宅锚固在花园中。利用割草机可以轻易地使草地边缘保持整洁。

简单地使用桂樱（*Prunus laurocerasus*）和洋常春藤（*Hedera helix*）确保了这个区域只需要最低的维护，但是它看上去依然明快而管理较好。

边缘修剪时间有两个主要方法：设置修剪带或者使用专门的边界。这些方法确实限制草的生长，通过控制草地的蔓延，从而减少它们向两边的扩张。草坪仍然需要关注，但只需要进行一定的修剪，而不是定期走出边界的铁栏杆，将伸出去的草剪掉。用砖块或是石头铺装边界将避免花园所有者或是园丁必须修剪草地边界。初期需要一些经费投入，但从长远看将会大大地削减维护费用。

草地保龄球很容易让人着迷，尽管维护得好的草坪很有吸引力，但由于缺乏时间和金钱，对于多数花园所有者来说很难实现，我们不能太理想化。

乔木和灌木能被列为永久性植物，正因为如此它们占了花园的大部分区域，从而需要相对较少的维护。如果使用较多的碎石、铺地或者低生长性的地被植物，这将是有效地减少花园维护持续投入的方法。但是就算是碎石和铺地也需要定期的养护。碎石可能需要耙动，二者都需要在一年的某个时期清除落叶和杂草。从中长期角度看，使用乔木和灌木将会减少维护成本，尽管在建好前也会有一定的投入。在种植乔木和灌木时，其作用通常在种植后的至少 3 年内不会体现。当然，论及乔木及其预期的结构性作用时，最终的理想效果需要 15—20 年才能实现。

在一些因为某些原因特别难维护的区域，比如坡地，地被植物可以用来减少总体负担。

坡地与坡度

不同坡度的坡地有不同的使用和维护方法。通常只有当人们要走上坡时，表面坡度角才变得明显。任何大于45°的坡地通常因为太陡峭而不能行走，维护也有问题。如果这个坡是个草坪，就意味着必须采用不太容易的平衡法将其剪短，如果坡地大于几英尺的范围，这就得采用类似杂耍的动作，将割草机拴在绳子尾部挥舞。这不是维护草地值得推荐的方法，应当采用其他的种植来避免这个问题。应找到在美学上最愉悦、功能最优的种植方案。

通常，生长缓慢、匍匐地面的植物最能保持土壤。植物传播和生长的方式决定了它们在坡度上保持土壤的方式。关键是选择能快速与土壤结合的植物，避免土地被雨水冲刷。同时也要当心植物结合过快，从而很难避免它们生长在问题区域之外。

谈到在坡上使用材料而非植物，不用说，某些材料适用于某些坡度。在某些角度，碎石会滑落，树皮易于松动，土壤也会被冲刷下来。对于不同的坡度，都有最好的材料，常识通常是最有效的。显然，一旦达到某一坡度，疏松的材料比如碎石或树皮将会从坡上滑下来。如果从设计的角度出发则必须使用某种材料，陡峭的坡度需要减缓。在坡上使用碎石，避免使用光滑和圆形的石头，要试图寻找有棱角的石头，让它们互相锁牢，减少下滑。碎石的深度也有影响，如果它们被放置得太深，在行走其上或是坡度影响较大时，它们易于移动。

塑造台地

对于山坡上的花园而言，平整的区域十分珍贵。几乎所有的人都在寻找平地放置桌椅，烤肉架或者玩游戏。在小的山地花园，台地的塑造是必须的。在大花园中，通常看到的是平地和坡地混合的场地，大花园的所有者应该庆祝坡地带给他们的快乐。坡地能让植物种植出好的效果，也为流水提供了天然的场所，这都能为花园增加趣味。

如果场地确实需要平整，这就显然需要土方作业。然后，自然需要用某些方法留住土壤以堆成坡地。毋庸置疑，花园中的任何工作都有开销，但是至少那些超过一定尺寸的挡土墙需要结构工程师的加入，会很昂贵。并没有官方的要求咨询工程师。这是个人的决定，受到现状土壤条件和墙体高度的影响。如果临近建筑需要任何形式的护坡工程，最好

第 4 章 管理大花园 113

下图 岩白菜（*Bergenia × hybrida*）'Silberlicht' 作为地被植物。

常春藤（*Hedera helix*）用来在靠近一系列阶梯的地方保持较缓的坡度。

玉簪（*Hosta sieboldiana* var. *elegans*）将会在半阴处开放，某些培育植物将会点亮阴暗的空间。

右图 花叶地锦（*Parthenocissus henryana*）作为地被保持坡度。

能请一个结构工程师作评估,确保没有滑坡损伤建筑。尽管业主可能忽视这种可能性,山坡的现状可能影响该地产的未来出售。除了靠近建筑的区域,在建造高于500mm(20in)的挡土墙时也应当咨询工程师。

花园中土壤的类型对于挡土墙的坚固性有很大的影响。厚重的黏土将会自然地稳固在一起与可能瞬间坍塌的细沙质土壤形成强烈对比。挖一个小洞并把它暴露在天气环境中,土壤的类型就变得明显了。没有哪种土壤是不能使用挡土墙的,但是有些需要较深的地基,而且在沙质土壤上挡土墙更难建设。

如果对于高度和稳定性有任何疑问,就应该咨询专家的意见。建造挡土墙的地方,不可避免要在其后积水。通常这个问题用泄水孔来解决,它是穿过墙基础的必要的孔洞。出于美学和安全考虑,应当在墙后建造排水沟收集水,并接入排水系统。

花园中任何墙体的外观都需要仔细考虑。材料的选用应当反映建筑的颜色和材料,帮助从视觉上连接住宅和花园。建造挡土墙的通用材料是砖块或者是长而耐用的木材。建造高墙时,常使用水泥砌块以保证结构的稳定性。

管理阴影变化的影响

随着树木的生长,它们对花园的影响也不断变化。生长毋庸置疑将扩大阴影的区域,因而改变阴影附近植物的生长条件。这决定于最初植物的选择,如果没有预见性,一些植物就会死掉或者生存艰难,因为上层的植物造成了阴影。应当记住花园随着时间不断演化,因而长远的考虑十分关键。如果把灌木和乔木列入计划,它们将形成核心的植物,将会比其他植物生长的时间更长。这就意味着选择你喜欢的关键性植物品种是很重要的,它们必须在一段时期都能增加花园的乐趣,而先锋植物在其他的植物成熟和生长后就可以被移除。

管理尺度

在花园远景处展现宽阔的具有吸引力的周边景观是一种有效地减少花园大小感觉的方法。这可能需要割掉不少草,但是当你关注时,它并

第 4 章 管理大花园 115

植草小山的尺度能通过与站在它顶端的人群的关系决定。

通过颜色的使用,将这条长长的台地整合为一体。具有对比性色调的表面材料使得区域被分为众多舒适的空间,而不失统一的感觉。

不令人害怕!最好的办法是框选部分景色,选择最好的部分,并把它作为视觉焦点。应当注意如果花园不够大时不应使用这种方法,因为广阔的景观会让花园显得渺小。

　　颜色也可以用来扩大或者缩小花园空间的视觉感受。利用色彩对比,比如大面积的砖块铺装一直延伸到住宅前,和小的种植带相联系,在视觉上能减少尺寸。使用相反的技巧,使用相近的材料颜色,能让区域感觉更大,从而通过颜色间的联系来实现一个统一的空间。尽管在大花园中从视觉上增大空间感受是很罕见的,它们可能需要一些掌控,但是颜色常常能起到整合的作用。例如，颜色能把不均匀的边界联系起来，让住宅与周围环境更和谐。

扩大视野

尽管是设计大花园，有时也需要让一部分花园区域看起来更广阔以寻求总体上的均衡。最容易实现的方法之一就是在花园中引入周边的景观。

小路弯曲的线条将视线引入花园和远处的景观。

融合周边环境

在很多大花园和房产中，某些区域，比如农田，是绝不会得到与围绕住宅周边的草坪同样级别的维护的。关键是让这些区域看起来像花园整体的一部分。实现的方法是通过引入带有小路的野花草地、树林或者牧场。这些将显著地降低维护的程度，并在尺寸和风格上增加花园新的维度。

很多大型地产范围内有一片农田需要融入进来。一个可能的解决办法是引入圆形物或者圈形种植的乔木，产生一种管理有序的感觉，把草场变成放牧的开阔草地。另一种解决办法是在地产的边界创造一个视觉焦点，如能从住宅看到的视觉焦点。远处的雕塑能与景观一道和住宅联系起来，并产生精心设计的空间感。雕塑本身不必过于昂贵，可以简单到一块石碑或者是立石。它也可以是独特的装饰性植物，并能在整体的林地背景中凸显出来。最关键的因素是，它看起来像是被精心放置的。

著名的花园景观设计师威廉·肯特（Willian Kent 1716—1783 年）和"万能的"布朗（1685—1748 年）在传统的景观中通过这种方式使用雕塑，在景观中放置怪异的东西作为视线的尽头。它们装饰土地和视线的边界，确保整个景观与花园紧密联系。

有自然坡地的花园，特别是那些有着从高处观看景色的视线的花园，如果能与周边的景观天然结合在一起将十分理想。历史上，（哈哈）ha-ha ——防止牲口从邻近的土地进入花园的沟渠——也是一种不打断视线的方式。

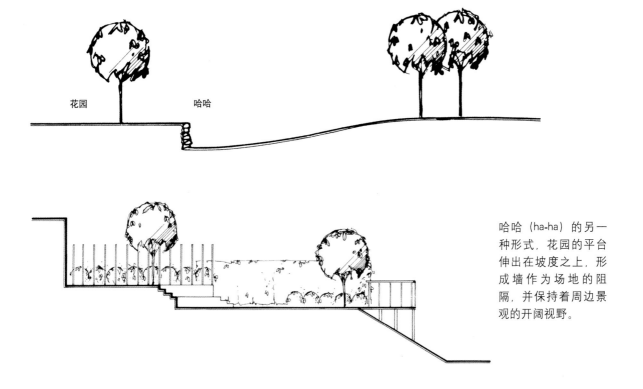

典型的哈哈（ha-ha）的剖面。土地被挖开形成一个沟渠作为农场的边界，并不打断花园看过来的视线。

哈哈（ha-ha）的另一种形式，花园的平台伸出在坡度之上，形成墙作为场地的阻隔，并保持着周边景观的开阔视野。

篱笆或是明确的边界都能毁了景色，把空间变成两部分，因而，如果边界不是必须的，花园和景观就能立即结合在一起。正如上面提到的，坡度十分有效。"无边"的池子——没有可视边界的水池——对靠近大海的花园起到同样的作用，让人觉得它们和大海相接。

高程

花园中高程变化自然地划分空间。台阶既可以展现不同高度的明显区别，也可以连接两个区域。将台阶延伸进高和低的区域，就会在它们之间产生强烈的联系。第3章已经讨论过，在台阶的延伸段使用和台阶一样的材料，从而使台阶看起来是一个整体，是十分重要的。

大型的住宅需要大的特征——这些台阶都是为了和住宅尺度协调设计的。

第 4 章 管理大花园 119

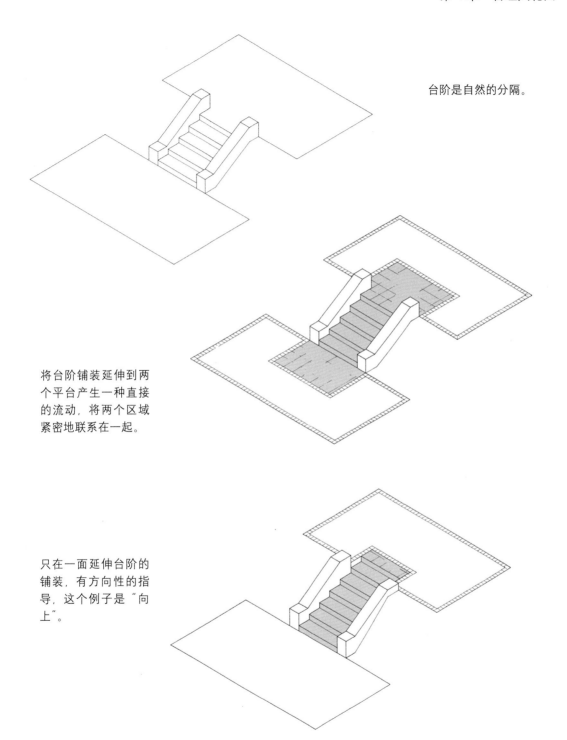

台阶是自然的分隔。

将台阶铺装延伸到两个平台产生一种直接的流动,将两个区域紧密地联系在一起。

只在一面延伸台阶的铺装,有方向性的指导,这个例子是"向上"。

新奇的物品和视错觉

其他控制花园比例的元素还包括创造惊讶和变化。最好能在花园中运用可变化的元素，不仅仅是随着季节改变的植物，还包括放置的雕塑或者其他不寻常的物品、奇怪的元素等，效果不可预知。为此而想要与众不同的花园较难经受住时间的检验。使用视错觉（一种欺骗眼睛的装置）或镜子时，也要同样留心。使用得好，它们就为花园加入了特别的元素，但不会与花园的整体设计融为一体。

拥有一个经常修剪的草坪的花园，其大小看起来偏大，反之亦然：草地和不修剪的区域将使花园看上去偏小。当阴影和门洞出现在花园的

在英格兰 Surrey 举办的 Hampton 花园花卉展示会的一个花园中，利用水景创造视觉焦点。

下左图 对称的门柱顶着巨大的手榴弹复制品形成了主题花园的入口。

右图 在苏格兰 Lanarkshire 的 Little Sparta 的一个花园中，阿波罗金色的头是视觉的焦点，它的效果被花园中自然风格的景色加强了。

两侧时，它看上去扩大了花园的尺寸。在花园两侧拥有光滑的墙或者篱笆将使其形态看起来更长，同样的粗糙的边界处理会使得它看上去短了。从视觉上缩小花园能让人感觉很亲近，但是记住它仍然需要同样的维护工作量！

在隐瞒花园的大小或者改变它的外观时，欺骗眼睛的小技巧是十分奏效的。然而，使用镜子或者风景画就应该谨慎了。遵循多数设计和美学的准则，欺骗眼睛的技术应该精心设计，而非一个显然的设计错误！同样地，如果想要对称，就必须精确，如果一个元素有一点与其他不同就将毁了整个效果。

当边界有景观作为背景时，弯曲的边缘将使得它能更好地融入周围景观环境。

实用建议

- 记住，可能的话，让空间符合人体尺度。
- 关注靠近住宅和花园中使用量最多的地方。
- 在决定你的平台需要多大之前，丈量你的厨房和餐厅的桌子，看看能舒适地坐多少人，并留下足够的空间让人能从周边走过。
- 利用花园的现有景色并最大程度地展示它们。它们可能不是最经典的美景，但是精心地建构或者引导视线，它们的效果会被扩大。
- 精心设计道路和花园中的联系。在花园中欠安全的设计时有发生。确保频繁使用的线路被合适地划定和覆盖。
- 试图创造一系列人行道和线路穿过花园，每一条都有着对地产不同的体验。

第 5 章

今日的花园

社会的反思

今日的花园，低维护是不可否认的发展趋势之一。这似乎很大程度上应归因于近半个世纪以来家庭生活本质的改变。现在，一个家庭里所有的成年人一天中大部分时间在外工作已经是普遍的情况了，这就意味着在家度过的时光更加有限，从某种意义上说也更加珍贵了。因此，花园在人们的生活中所扮演的角色也随之而改变，虽然会有一些热衷于园艺的人，但许多人将需要使他们消磨在花园中的时光更加富于乐趣，而不是繁琐的日常劳动与维护。

我们习惯于在有规可循的基础上清扫房间，但花园所需要的可不只是清扫。它们生存并生长着，这样的生长需要营养和有一定技巧的护理。正是对于缺乏技巧的焦虑使一些人对他们的花园产生了小小的恐惧。事实上，园艺的复杂与简单取决于个人意愿。园艺发烧友们熟知如何给果树剪枝或如何治疗各种植物病虫害，但这并不是拥有一座花园的前提条件。

任何人都能享受在花园种上苹果树的乐趣，而这些树与专业园艺师所种的相比是否同样漂亮或能否结出同样多的果子，并不是最关键的。花园应当被设计得与其主人的技巧和期望投入的水平相符。一个好的设计师不会使客户承担相对于其技巧或空闲时间而言不可持续的维护要求。

变化的工作模式带来的另一个结果是花园需要在不同时间都得以使用。无论是一天的时间之中还是不同季节，花园的使用周期都需要被延长。人们常常希望能够在夜间使用花园，或者至少是傍晚时分，而且希

苹果树不需要太多时间和精力的投入，便可以为任何一个花园带来受人喜爱的花果。当以墙作衬托时，苹果花会取得十分出色的视觉效果。

对页图 水池的干练线条穿越简单的分块种植，共同创造出宁静的极少主义景色。

照亮这棵树使其成为夜间"雕塑"。

望花园的景观可以从早春一直延续到深秋。同时花园中需要有与住宅接近的区域,并且容易到达,以便在户外小憩或就餐。在北方气候温和的地区,许多人希望最大限度地利用每一缕阳光。因此,当设计花园时,我们在住宅周边设置平台和座位区以追寻终将逝去的阳光。相似地,在气候十分炎热的地区,花园的设计则要最大限度地利用基地中不断变化的阴影。

使花园适宜于我们工作生活的需求使得引入照明成为一种必需。照明技术可以有许多利用方法,并创造出极富吸引力的效果。有了聚光灯和向上照明的灯具,日间的树、雕塑等焦点景观在夜间仍可以成为焦点。照明还能在花园中创造一种情调。因此,虽然最初有些客户会觉得户外照明是拉斯韦加斯才有的意象,但他们最终会惊讶于那隐隐约约的照明给花园带来的变化。照明不仅是一种艺术,也具有实用性,在夜间,通过照亮台阶和高度变化的地方,它可以提高花园的安全性。

对于大型花园的业主来说,主要的问题是如何将维护负担减至最小。这种负担可能是十分重的——在夏天,许多大型花园主人每周要花上一天时间来修剪草坪——所以,减小维护的问题是需要仔细考虑的。这并不是说花园主人们必定因为耗费时间而感到恼火,毕竟,他们中的许多人就是为了能在花园中消磨更多的时间,才买下这样的大型花园的。但大多数主人将会选择减少花在日常维护工作上的时间,以便有更多时间来从事那些使人愉快的工作。许多人只有在其他方面的责任减轻后,才真正感受到照料花园的乐趣。到那时,他们将着迷于花园而投入更多的时间和精力。

大型化的趋势

现今在花园和景观设计领域，有着好几种流行的运动。通过在花博会上的闪耀展示，这些趋势日渐为那些拥有大型空间，并追求对自己的花园景观效果进行再创造的人们所喜爱。

在花园设计领域的流行趋势与任何其他设计领域的并无不同。然而，在花园设计领域，这些趋势表面上更为缓慢，而且进入公众主流意识也相对迟缓。影响花园设计的流行趋势的，不仅有形式因素，还有诸如可持续性等广泛的因素。可持续性这一华丽的用词，对于一些人意味着很多，但对于很多人却并不意味着多少。园艺师倾向于与自然保持协调，且对自己行为的结果有清醒的认识。对很多园艺师而言，可持续性意味着不产生废物，且尽可能地自足。这可能包括将所有花园的废弃物变为

这个展示园的趣味来源于其克制的用色、简洁的铺装区域、结构性的树木结合多年生草本的种植。

其组成成分，在花园中对其再利用，而不是将它们送往垃圾填埋场。另一些人可能会选择不需浇灌而在当地现状条件下就能旺盛生长的花园。上述这两种偏好正日益普遍。这些决策可能不仅仅只取决于预期效果，比如依靠一排排使用自来水的洒水器而长势繁茂的草坪。这也并非极端地意味着我们居住的世界中的大量土地将返回到荒漠状态，只是说为了创造期望的效果，可能需要其他的设计形式与种植方式。就像生活中的道理一样，鱼与熊掌不可兼得。如果客户为了打高尔夫而需要草坪，那么设计草坪是不可避免的；但至少每个人应该在心中考虑一下有没有其他选择，而不是立即选择最明显的那一个。在这一章中我列出了三个在花园设计领域日益显著的趋势。它们是：极少主义，新式种植以及展示型花园的影响。当然，这绝不是影响花园设计的全部主要思潮，但它们对设计的影响绝对不可忽略。

极少主义

极少主义的艺术绝不仅仅是除去花园中所有杂乱的东西，而是通过简化一个花园，利用线条及形式的作用，使其核心元素更为凸显。简化本身并不是极少主义。一个极少主义风格的花园将是一个设计简单但是线条及形式十分丰富的作品，它有助于创造宁静的氛围。

宁静氛围的产生，不仅要减少花园中杂乱的东西，也要去除那些将使人分心的物体，以便其能自由地沉浸于想象，赋予花园成为退思之所的潜力。极少主义在日本、中国以及西班牙摩尔人的一些简洁风格的花园中，已经存在了几个世纪。与勒·柯布西耶的建筑同时，在20世纪30年代极少主义建筑崭露头角。而实际上在花园设计领域，极少主义从未有过类似的飞跃。当时，建筑被看做富人的特权，而从未真正融入主流。对花园而言就更是这样了。在干旱或半干旱地带，由于植物种类的限制更多，使得建造极少主义花园有更多的理由；但在植物种类相当丰富的气候区就显得理由不足了。

设计中的极少主义趋势总的来讲展示了一种"来点不同"的需求。这并不是试图评价极少主义花园设计师的成就或品质，而是表明了他们一直在思索什么能使得20世纪末至21世纪初这段时期的花园设计不同于更早的时期？最近流行在花园中杂糅多样的风格，表明了这一时期将

第 5 章　今日的花园　127

就如这个切尔西花卉展示园一样，简洁的矩形结合起来，构成了一个极少主义的伊甸园。

花境走道的干净利落的线条成为在其两侧摇曳生姿的多年生草本的限定。

上左图 在这个现代热带花园中,繁茂的绿色植物将洁白的花架及铺装突显至极致。

上右图 游泳池干净利落的线条限制了植物那奔放、野性的外观。

不会因某一种凸显的风格而闻名。

在当今花园设计的"大熔炉"中,极少主义的复兴应当主要归功于英国花园设计师克里斯托弗·布拉德利霍尔(Christopher Bradley-Hole)。极少主义花园的范例遍布世界,然而是布拉德利霍尔的展示花园及著作将这些分散的风格符号整合为一种世界性的风格运动。看起来极少主义将会是一种一直伴随我们的风格,在有些时期比其他风格更为突出,但每个时段又都稍有变化以反映当下的信仰与思考。

极少主义的花园可以被看做是一种极端的艺术体验——一件可以在其中走动、包围着体验者的艺术品。当然,大量的花园和空间都可以被看做是艺术品,只是用植物、木材和石头代替了画布和颜料。可能由于在极少主义花园中形状和形式是如此重要,以至于来访者能强烈地体验到围绕着他们的空间形式。

如何设计极少主义花园

花园结构中简洁风格的线条由于使用有限种类的植物得以强化,从而使观者的注意力集中在植物的形态本身。相比充满丰富的色彩和形态的鸢尾花坛,极少主义的花园设计师更乐意使用更少的种类来强

当花园中的种植形态简洁、不杂乱,色彩便可将其塑造结构的作用发展得淋漓尽致。

调其颜色和形态。极少主义设计师也会使用孤植手法,仿佛植物是画廊中的展品。

极少主义的设计必须有一个明确的构思。与住宅相结合通常是关键,而建筑本身最好具有强烈的现代感。很多成功的极少主义花园都与那些采用简洁线条、有限种类的材料及强烈色彩设计的建筑紧密联系。这不是说茅屋或普通郊区住宅不能配置极少主义花园,但在这些情况下,要处理好住宅与花园的关系会需要额外的精力。

应当谨防这样的花园显得过分冷漠。带来变化和多样性的元素,诸如种植、水体或照明,都能很好地充实简洁的线条。花园可不能看起来像块石头甚至是混凝土的墓碑。

作为极少主义花园中的普遍元素,墙体将是用以遮蔽的有用手段。作为一种用于分隔和构型的元素,它使花园具有挺直的骨架,并能清晰地界定空间。水是普遍使用于任何一个花园的元素,不过在极少主义的花园中它的效果会成倍地放大。

极少主义的花园倾向于凝聚于内在,尤其适用于庭院。它们极具历史性地暗示着避开外部世界的圣地,以及异国的炎热气候。

通过克制地使用颜色与线条,极少主义花园创造了安宁与静谧。很

马拉喀什的伊芙·圣·罗兰花园是摩尔式围合花园的典例。

难找到设计诀窍以创造平静,不过简洁似乎是个办法。空间本身几乎与其围合的墙或植物等元素同等重要。光的使用对于极少主义花园尤其关键,不管是来自光滑的石头表面的反光,还是一株孤植树的投影。在阳光强烈的地区,阴影都能被最大限度地利用。而在苏格兰北部的阴暗地区,为了突显对比,墙需要有更明亮的色彩和更有力的形态。极少主义花园中的光影效果在夜间也能同样出色。

极少主义导则
- 以简洁整饬的墙体为目标。
- 遵循比例法则(见第 4 章)。
- 关注植物的种植形式,如孤植、同种植物群植或阵列种植,通常都使用草地营造它们与更广阔的景观的联系。
- 用水体作为视觉焦点,可以是光滑的反射水面或简单的缓缓流水。
- 在现状缺乏特征的空间中应大胆设计,而当场地具有优美景色或自然特色时,要谨慎。
- 材料简单。
- 不要试图将花园完全同自然相结合:简洁的线条与大胆的形态同自然之间可以形成一种不对称的平衡。

在经典的苏格兰式花园中的一条传统花境。

新式种植

自然主义及草原式种植

著名种植设计师皮亚特·乌道夫（Piet Oudolf）在唤醒人们对多年生草本植物的兴趣中颇具影响。那些通常都和英国式庄园联系在一起，近来被认为已经过时的草本植物，现在又重新焕发了活力；通过对它们的悉心照料与使用，一种新的花园设计风格出现了。追随草本植物选择育种的关键人物——德国设计师卡尔·福斯特（1874—1970年）的脚步，乌道夫培育了新的品种——其亲本能在我们祖母的花园中寻到踪迹。福斯特系统地保存了一些草本植物的种类，否则的话它们很可能已经被我们所遗失。像乌道夫一样，他坚持认为我们在花园中使用的植物，变为了一些长着与自身比例不合的大花朵的生物。通过使用在亲缘上与其原

在此处，简单的带状种植的普罗草属植物的"蓝色尖顶"因深棕色木墙的背景衬托而达到了戏剧化的效果。

这种新潮的传统多年生草本花境中,花卉的颜色更加有限,然而它们的数量显著增加,以产生夺人眼球的效果。

生植物更近的栽培变种(经过选择育种的品种),可以产生自然得多的效果。由于选择育种的关系,这些品种变得更加有活力且能够自持,因此,支撑那些头重脚轻植物的工作显著减少。乌道夫有着广泛的优良传统植物的种植经验,这使得他有机会仔细地挑选最佳的传统植物。另外,具有动人色彩和形状的花卉也被培育出来,它们可以与那些花期长的植物一起使用。

这些技术使得乌道夫能够试验一种使用多年生草本的新的设计风格,它被称为"自然主义种植"、"草原式种植"或者"波浪式种植"。相比其中的个体植物,这种种植风格更强调全面的种植计划的效果,首先关注花及果穗的形状,然后是叶型与质感,只在最后才关注花与枝叶的颜色。与传统的基于花叶颜色的挑选方式相比,这是一大飞跃。乌道夫等专家还注重重新使用一些数十年来受到园艺师们冷遇的品种。通过研究在自然环境中的植物,及其颜色与形态如何与自然相结合,他们得以通过草本植物的种植在花园中模仿一种更为自然的风格。

乌道夫提出过一些很实用的植物组合建议。他强调说，种植的效果"从早春第一株出土的嫩芽到严冬时经历过风霜雨雪后零落的朽枝枯叶"，会始终持续。对于整个生长期中植物的形态及特性的长远视野增进了对它们的正确理解。只有对植物特性及生长有了真正深入的认识，才能作出自然主义种植的计划。计划中关于植物的种群组合，是基于让那些同时开花的植物花或花序的形态互为补充、或者花、种子穗和植株形态结合完美的原则。

乌道夫根据花或种子穗的形态将多年生草本植物分为五大类：

1．尖顶形：想象如教堂尖顶般直指天空的、由单花在花茎上堆叠形成的花序——例如毛地黄种植物。

2．纽扣形或球形：顾名思义，花茎顶着球状的花——例如蓝刺头种植物。

3．羽毛形：想象羽毛般的，松松地开着花的花序，可以同更有力的植株形态相结合——例如蚊子草属植物。

4．伞状花序：短小的花茎从同一点发散，如同伞骨——例如野胡萝卜属植物。

5．菊科植物：或者海胆亚目的形似雏菊的花序。

上述五种形态的植物与品种多样的作为屏蔽、遮盖或填充的植物相结合，构成了一个种植计划的基础，显然，植物的形态与肌理也经过了

这个圆形砖砌物被设置在一些屏障型或幕障型的植物之中。它在花园中起着承先启后的作用，可以在走向下一条路线前提供暂时的歇脚处。

房子边上大片的粗野的多年生草本植物补充了场地中某一时期的感觉,而花园总体的种植是一种现代大胆的风格。

考虑。要作这样的计划看似十分复杂,但在任何草本的花境中都大量重复使用相同的元素。被用作填充或屏蔽的植物很适合作为背景,并将那些有强烈个性的植物群组联系起来。

简单来说,首先就是要选择两三种颜色和形态较匹配的植物,然后根据高低的不同分组进行布置。较高的一组植物要在种植床中靠后布置,较低的一组则靠前布置。大约十种植物形成一段花坛。接着,用另一些尺寸的植物按照同样的办法重复。这一组组小景靠着连接性植物衔接,最终布置出整个带状花坛。连接性植物通常与邻近的植物尺寸大小相近,但有时也会用到对比的手法。

乌道夫的计划中所展示的种植方式并不是只寻求在盛夏短时间内营造色彩斑斓的景致。通过关注和研究花朵的形态,他在秋季和冬季也能

在秋天和冬天的时候,糙苏穗形成了重要的雕塑性场景。

第 5 章 今日的花园　135

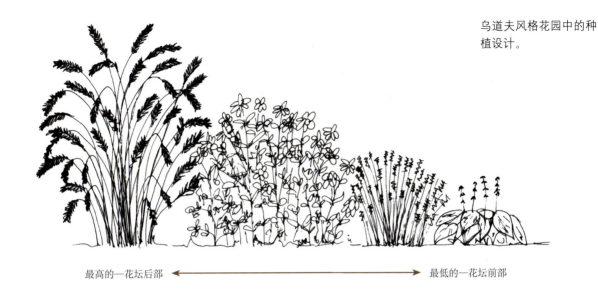

乌道夫风格花园中的种植设计。

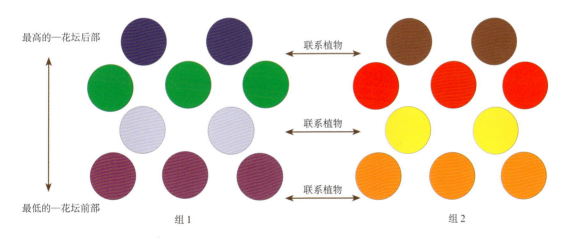

用花草营造令人向往的画面。在这段时间，一些传统的草本植物花境可能会变得了无生趣，但是按照他的种植方式，种子穗和草类相间的配置也会形成动人冬景。潮湿地区的花园要注意的是，很多植物在冬天可能会腐烂，这就要求在选择植物变种的时候更仔细，让这些种子穗在多长的时间都能保持原样。

种植设计是非常主观和个人化的，而在遵循专家的指导意见时，花园主人使用自己喜好的植物组合进行实践探索也很重要。还有一点要牢记，像乌道夫这样的专家们在给出建议的时候通常会就某一气候等条件

大片的薰衣草定期展现迷人的色彩,其他时间里,人们则把注意力集中到那些漂亮的石头和砖墙上。

列出可选择的植物,而这不可能全球适用,不同国度要选择相应的不同植物。

目前花园中对多年生植物的运用方式有一个主要的缺点:一个完全依靠植物来造景的花园,将很受时间和植物生长情况的影响。回看历史,那些运用了名贵植物的花园并不能完好地保存至今,而大多数较为规则的古典园林,如意大利园林、法国园林,甚至英国园林,却能够存在几个世纪,这不是依靠园林植物,而是依靠那些园林的空间结构与种植设计。那些使用了大量美丽的多年生植物的花园,一旦不能保证仔细的维护,景观效果就很难保持。这不仅仅是除草那么简单,还涉及三五年一次的有规律的划分和补种。

许多专家对待植物的态度非常冷漠,会系统地清除所有不如人意的植物。这种态度我们应该学习。通常我们都会接受在购买花园前就已经存在的植物,或者是那些具有情感价值的植物。我们回来看看花园中使用的培育植物的野生亲属植物,它们和周边景观能自然地亲近而融洽。种植计划能够激起旁观者的真实情感,能带给观察者不同的视角,赋予花园真正的"场所精神"。

植物的结构性功能是乌道夫研究植物培育时关注的重点，同时对于植物选择有指导意义。不仅是草本植物，乌道夫也喜欢在庭院中运用建筑手法。不论有没有明确的路网，那些修剪好的绿篱都可以用来分割空间，砖墙则构成边界，它们对于松散的自然式的种植方式起到了很好的衬托作用。

再来看看灌木，很多人不会愿意住在一个没有灌木的花园里，无论他们多么喜欢多年生草本类植物。当然，灌木可以和多年生草本植物结合运用，但除了审美，还要考虑它们是否会相互争夺生长空间和水分。

多年生草本植物种植在灌木形成的框架间，小道就形成了一种不规则的边界。

展示型花园的影响

展示型花园主要影响到花园主人以及设计师对花园的构想。无论是德国的造园展（Bundesgartenshau），加拿大魁北克的园林节（Canadian Festival in Quebec），法国的肖蒙园林节（Chaumont Garden Festival），还是著名的伦敦切尔西花展（Chelsea Flower Show），那些时尚新潮的园林案例对园林界的影响是不可小视的。它们相当于园林界的时装 T 台，在这里最先发布的各种新想法与新趋势注定会影响我们的花园。尽管很少有抄袭这些设计师时尚的情况，但是它们对设计师们的种植形式和设计式样产生了很大的影响，成为他们"愿望清单"的一部分。

这个花园展示着尽可能的优雅,习惯于欣赏展示型花园的园主人非常注重细节。

放射状的图案反映在波纹起伏的水体里,这确保了花园中的每一个元素都能很好地统一。

　　一些客户会要求设计师完完全全把一个展示型花园拷贝过来,移植到自己的基地,但是一个好的设计师会提醒他们,每块场地都是不同的,植物可能会不适合这个场地的条件。更要指出的是,展示型庭院是临时性的,设计时并没有考虑到长期使用的情况。所以,设计师要找出展示型花园吸引客户的主要元素,并且在新的场地实现它。

　　有些客户觉得如果不能把那些临时展出的花园整个复制过来,就要移植一些其中的元素,要达到这些展览中的临时花园的效果对于设计师来说是个不小的挑战。种植成熟的景园树种并且保持短时间的效果当然可以做到,但是怎么可能冻结植物的生长呢?花园慢慢成长,而它们的外观一直在变。除非这是个由极少数种类植物组成的极少主义花园，或者选用的植物都生长缓慢而很少有变化，否则，要达到这种持续不变的外观效果是很难的。

受展示型花园和那些"花园改造"电视节目的影响，使人们认为这种快速改装对他们的花园同样可行。这些人一定是对园艺没多少经验，任何一个尝试过花时间来打理一个花园的人都会发现，没有什么能保持永久不变。"展示型花园"现象并不新鲜，只要有种植者展示他们的植物，或者建筑师在竞赛中发表设计方案就会看到这样的现象。我们必须明白，尽管它看上去像诱人的糖果店，也只能兜售想法和灵感。展示型花园仅仅是一种欲望的体现。

展示型花园中的材料与家具是相对来说比较容易拷贝的东西。只要几个月的时间，我们在花展中看到的漂亮花园家具就能在当地的 DIY 商店买到，一些硬质景观设计手法也适用于我们的花园，并能创造出不错的新效果。展示型花园的设计师们一直在尝试新的方法，让观者感到愉悦和惊喜。我们会发现通常在机动车护坡上使用的金属网板，变身成了建筑雕塑的一部分，而其中的灰色小石块也被一排排蓝色玻璃瓶取代。一束束光纤，变身成为夜晚的座椅。正是当我们发现这些寻常的材料有了非同寻常的用处，我们才开始思考，是不是也能将其运用到自己的空间中。从某种程度上说，通常是可行的。新材料不可能被源源不绝地开发出来用于花园建造，所以设计师们面临的挑战就是如何让旧材料重获新生。木材、石材、植物都在等待这一转变。我们的花园里流行过塑料、金属、玻璃、混凝土等材料，而自然材料则永远流行和实用。

水是另一种展示型花园中永恒的元素。它总是能给花园带来新的感官体验。它营造的声响，不论是瀑布跌落还是涓涓细流，都不可忽视。它有让人着迷的魔力。即便是一池静水，也能映射出天空中的太阳与穿梭的云朵，或者吸引你顺着它的水面到达远处的主景。新的水景也层出不穷。从它的两个固有特性，一是可以附着于光滑的表面，二是融入空气而形成团团泡沫，可看出水景的潜力是无穷的。

展示型花园有一个显著优点，就是每一处细节都考虑得非常仔细。这并不意味着要移除每一片破损的叶子来博得评委的赞许，而是花园中的每一元素都经过系统和精心的设计。正是这种对细节的执著，才会令花园持久地带给人们欢乐。

这个华丽的中心花园景观可以为任何花园提供一个新的观赏视角,尤其是在展示型花园中,因为它能吸引住过路人。

这个简单的小品、静置的沙石,确保了人们直接把注意力集中到色彩斑斓、品种繁多的种植设计中。

　　额外的兴趣点对于保持观者对花园的关注有显著作用。这些兴趣点未必是指那些一本正经的景物,比如一个雕塑,而更有可能是一些有特色的东西,比如地面上铺成了有趣图案的砖石。某种程度上说,要达到这种效果,我们要有更多的创意而不是花更多的钱。就像室内设计一样,能够反映主人个性的花园通常更具魅力。然而要在花园里做到这一点并没有太多明晰的方法,因为并不是把家庭成员的照片展示到花园里那么简单，但是总有办法在室外展示业主的个性。通常体现在花园装饰的风格、花园配色等方面。运用一些幽默的元素、私人的物件，会使花园别具特色。

一个成功的展示型花园通常会有一个明确的概念或者主题来支撑它的设计。这对于私人花园来说未必都合适，但是选择一个已设定好的风格中的元素，在花园中重复使用，能够有效地加强空间整体感。这包括颜色、材料，以及其他一些元素的运用。当然，如果有强烈的意愿使用某种总体的风格，比如地中海风格，可以在建筑上运用与这一主题切合的手法来进行强化。

在展示型花园中对植物的处理可能在运用到现实的花园时就相当不符合实际。在展示型花园中，它们被用来展示短时间的效果，而在现实花园里，由于生长速率不同，它们的间距和位置就无法保持。展示型花园的植物选择时会考虑让它们同时开花，在短时期里展示出最漂亮的一面。而在现实花园里，需要的是一些常年稳定的色彩而非一时的五彩斑斓。而且困扰园艺师很久的维护问题也是在展示型花园里无须考虑的，不会有孩子和宠物在白色混凝土墙上留下脏脏的脚印，不会有割草留下的碎屑掉入工艺漂亮的不锈钢水渠，不会有霜冻使得华丽的陶罐开裂……在我们把展示型花园移植到自己家里前，真该好好想想这些问题。

<u>实用建议</u>

- 不用对苹果树这类植物精确地修剪，除非你最大的收获是对植物外观的美学欣赏。
- 在花园中简洁是很容易做到的，它能营造一种安静祥和的气氛。
- 如果场地现状特征比较缺乏，你可以大胆地进行设计；如果场地本来就有美丽的景色和丰富的自然特征，则需要小心谨慎地设计。
- 选择花园植物时，要考虑它整体的形态和长期的吸引力，不能仅仅看到它开花时暂时或短期的效果。
- 不一定要用很贵的材料来装饰花园，在创造有趣的花园景观时，怎样使用材料比材料本身更重要。
- 关注使用者长时间逗留的地方的细节设计。尤其要注意座位附近的空间，增加有趣的景色从而让使用者花更多的时间来体验。

第 6 章
设计常用植物

文中列举的各组植物是按照它们的常用功能来分类的。这份列表并不详尽，只是初步列了一份表格，表明植物的某些特性，以及如何在设计中发挥这些功能。这里选择的植物都是非常健壮的，它们生长在欧洲以及美国的大部分地区，当然我们可以找到几百种植物代替这些植物而发挥相同的功能，甚至可能更适合一些特殊的地段和环境。关键在于我们要明白，为了某个特定的目的，如何去选择特性与之匹配的植物。

框景植物与视觉焦点

下面列举的植物具有独特的形态、颜色或其他一些特征，非常适合作为景园树用以框景或者作为视觉焦点。

垂枝植物

欧洲白桦（*Betula pendula* "Youngii"），4.5–7.5m（15–25ft）。一种圆拱形树冠，垂枝可以到达地面的植物。成熟的欧洲白桦在秋天呈现出美丽的颜色，树干上会有漂亮的裂纹。这种秋天观叶的垂枝植物会很容易形成视觉焦点。

大西洋雪松（*Cedrus atlantica* "Glauca Pendula"），15–16m（50–55ft）。一种生长缓慢的，适用于在家庭大花园中观赏的植物。它独特的叶色从银蓝到灰蓝。非常适用于在宽阔的场地里作为框景植物。

代茶冬青（*Ilex vomitoria* "Pendula"），3–4.5m（10–15ft）。这种植物浅色光滑的树皮与深绿的叶子形成有趣的对比。它结漂亮的红果，又因为植株相对较小，所以它在划分园中视域和景物上很有用。

对页图 垂枝植物可以引导人们的视线往下，穿过它们摇曳的枝叶看到远处的景观。

日本早樱（*Prunus subhirtella* "Pendula"），3-6m（10-20ft）。一种极美的植物，尤其是早春时节，落英缤纷，分外吸引眼球。

紫皮柳（*Salix purpurea* "Pendula"），3.5-4.5m（12-15ft）。一种优雅瘦长的植物，紫色的枝条长而蜿蜒，覆盖以狭长的绿灰色叶片。那漂亮的紫色，使它成为园中的一个小亮点。

圆柱状植物

欧洲鹅耳枥（*Carpinus betulus* "Columnaris"），7.5-12m（25-40ft）。这种落叶乔木有圆形深绿色的叶片，形成一种浓密的凝固的树形。经过精心修剪以后它会更美观，非常适合用在靠近住宅规则的场地上。它可以成为视觉焦点，或者也可以在车道边种成一排，强调一种到达感。

银杏（*Ginkgo biloba*），9-14m（30-45ft）。一种在秋天显现出明亮的金黄叶色的植物。它的不寻常的扇形叶片使得花园变得有趣。尽管它在秋天颜色夺目，但它不好控制，种植时还是要多加注意。

圆柏（*Juniperus chinensis* "Robust Green"），4.5-6m（15-20ft）。一种挺拔直立的中绿色柱状植物。配合主景植物种植，也可以成群种植形成绿色屏障。适用于较大花园。

樱（*Prunus* "Amanogawa"），4.5-6m（15-20ft）。一种紧凑的直立的植物，在四五月份开出成簇的小粉花。这些粉色的柱状植物在春天里格外炫目，加上紫色的背景，形成强烈的视觉焦点。与其他柱状植物一样，它可以种植在一些景物的两边成为景观框架。

黑洋槐（*Robinia pseudoacacia* "Pyramidalis"），12-15m（40-50ft）。一种直立的叶形美观的树，有着有趣的下垂的花。在有些地方它被视作低等的植物，但若遇到好的品种也是很吸引人的。它们可以用作花园中的主景植物，或者用以使花园植物与远处的自然风景相衔接。

欧洲红豆杉（*Taxus baccata* "Fastigiata"），1.2-1.8m（4-6ft）。

叶色深绿的一种常绿植物，生长速度比一般植物快。单独的每一株都非常出色，但是要注意不能种植太多，因为它们深绿的叶色会使得整个花园看上去沉闷。其特有的形态让它非常适合种植在主景两侧，使得花园立刻具有规则感。

欧洲小叶椴（*Tilia cordata* "Greenspire"），9-12m（30-40ft）。中绿色的叶片形成浓密的树荫，这在某些位置非常适用。直立与生长快速的特性使它非常适合种植在主景的两侧。

其他直立的，易构成强烈视觉焦点的树木：
山楂树（*Crataegus monogyna* "Stricta"）。
美国扁柏（*Chamaecyparis lawsoniana* "Slewartii"）。
欧洲山毛榉（*Fagus sylvatica* "Dawyck"）。
美国杨（*Populus nigra* "Italica"）。
欧洲栎（*Quercus robur* f.*fastigiata*）。
欧洲花楸（*Sorbus aucuparia* "Fastigiata"）。
美国侧柏（*Thuja plicata*）。
阔叶椴（*Tilia platyphyllos* "Fastigiata"）。

有明显枝干的植物

下面列举的植物都具有较低的分枝点，这样它们既能分割空间又不遮挡视线。它们能够提供很好的树荫，也是在其下设置座椅最理想的树种之一。它们清晰的枝干，非常适合用作竖直方向的框架元素。

红花槭（*Acer rubrum* "October Glory"），13m（40ft）。高大，球形树冠，在秋天里最晚变色，但是那夺目亮丽的红色立马让它成为视觉焦点。

棘皮桦（*Betula utilis* var.*jacquemontii*），6-9m（20-30ft）。叶色中绿，叶缘有齿，树形略微瘦长而舒展，它那白色的树皮在冬天格外吸引人。白色的竖向树干非常适合在景物两边形成框景效果。

三刺皂荚（*Gleditsia triacanthos* "Sunburst"），5-6.5m(18-22ft)。中型树，与洋槐看上去很像。黄色的叶片单独来看让人觉得有点病态，所以要和中绿色植物搭配，或者用它们作背景。

美国鹅掌楸（*Liriodendron tulipifera*），18-24m（60-80ft）。这种大型树木有可爱的中绿叶片和像郁金香一样的花朵，但是至少十龄以后才会开花，而那时的它已经十分高大。

北方粉红栎（*Quercus palustris*），15-20m（50-60ft）。速生树种，适合种在较大的场地里。低垂的树枝微微摇摆，在其下眺望远处的景色是很不错的。

美洲椴树（*Tilia americana* "Nova"），12-18m（40-60ft）。有光亮的绿色树叶，但不适合种植在干旱的地区。仲夏时节会开出有香味的杯状黄花，并带来浓浓的树荫。

其他有明显枝干的树木：
挪威槭树（*Acer platanoides*）。
北美白桦（*Betula papyrifera*）。
北美枫香（*Liquidambar styraciflua*）。
美国梓树（*Catalpa bignonioides*）。
绿山楂（*Crataegus viridis* "Winter King"）。
欧洲山毛榉（*Fagus sylvatica* "Atropurpurea Group"）。
二球悬铃木（*Platanus hispanica*）。
樱桃李（*Prunus cerasifera*）。
猩红栎（*Quercus coccinea*）。
北美红栎（*Quercus rubra*）。
黑洋槐（*Robinia pseudoacacia*）。
山羊柳（*Salix caprea*）。
光叶榉（*Zelkova serrate*）。

林地与防护带植物

植物选材与种植方式

用来营造林地和防护带的植物一般来说任何大小都可以,但是如果要种植在风大或者容易遭到极端天气情况的地方,选择小的植物更好。小的植物种植和生长都比大的植物快,而不像大的植物在生长前会有长达几年的"停滞期"。另一个重要的原因是,林地或者防护带通常比较大,不种植小型植物的话花销巨大。一般成长两年大小的植物最好,这类植物价格便宜且种植方便。

在花园任何大小的区域中种植植物都要在秋天或者春天进行,这样植物的根就可以不带土,而免去了多余的花费。裸根植物是生长在苗圃里,由园艺工人挖出来,而后在它保持休眠状态时由买家把它种下去。然而,只有落叶树种可以采用这种方法。有趣的是,一旦植物被组装销售,价格会立马上升。

裸根植物在种植时不需要很大的种植穴。只需在地面切一个小口,将两年树龄的植物根系与适量缓效化肥埋入地下。树木固定以后,在其周围要加上护根以防止周围的杂草影响植物生长。最好是提前在林地和防护林的场地上遍洒除草剂,避免最初的杂草与植物之间的生存竞争,使植物更快生长。种植时,要去掉所有边上的新枝,引导植物向上生长,并减少水分从叶片上流失。通常会在防护林地周围设置护栏,防止鼠类进入林区。这种护栏一般距离植物2m(6-7ft),防止鹿或者其他较大的动物够到植物以这些年幼的植物为食。

防护带设计导则

- 防护带的最小宽度是20m(60ft),以达到抗风效果,并形成视觉屏障。一般是网状种植,这样种植、移植、维护都会更容易。
- 辅助树种和主导树种要种在2m×2m的网格里,下木则可以是1m×1m的网格。这使得树木不会靠得太近,一旦树木开始生长也不需要移植很多树。要在最初的影响和之后的维护间取得平衡。
- 防护带中主要区域内植物是分成两种的,第一种是次要树种,它们组成防护林的主体结构。它们通常混合了两种植物,在花园独特的环境里易于生长且速度较快。第二种是辅助树种和主导树种的混合，前者生长快速，并且保护后者直到它们长成。

- 次要树种的树林与辅助树种／主导树种的混合树林通常分区块种植，每一个区块两种树种，至少 10 株植物。这样后期抽株和间伐会方便一些。
- 在林带的边缘种植下木形成更有效的竖向边缘。这样做的好处有二：第一，为缓风提供更大的场地；第二，避免人们在防护带未建好时进入林区。下木的种植每单一品种的区块至少要达到 10 株（最好是 20-50 株），以达到效果。
- 防护带通常种植在花园的边缘，离主要使用区域较远，因而可以较大区块地种植。这是一种功能性的种植，而不仅仅是为了美观。
- 防护带的宽度、群组的大小、下木的宽度，都是可以根据不同的场地和要求进行调节的。宽度越宽，效果越好。

防护带混合种植

通常防护带中，90% 种植乔木，10% 种植下木。90% 的树木还可以分为 72% 的辅助树种（主导树种），和 18% 的次要树种。

这里给出了两种混合种植方法。自己种植防护带时要注意的是，重点不在于立马照搬运用，而是要明白为什么选择这些植物，然后参照种植方式选择能够在你自己的花园里茁壮成长的植物。混合植物里包括速生植物和常绿植物，它们能建立更好的防护带，例如使用欧洲白蜡木。这里的主导树种应该能反映花园中更大范围内的植物配置，例如洋檫木、落基山冷杉等。

潮湿或者排水不畅的场地

辅助树种：	欧洲桦	5%
	日本落叶松	15%
	北美云杉	15%
	山羊柳	5%
次要树种：	欧洲桤木	10%
	欧洲黑杨	10%
主导树种：	欧洲白蜡木	40%
总计：		100%
下木：	红瑞木	25%
	山楂	15%
	稠李	10%
	犬蔷薇	10%
	欧洲接骨木	25%
	绣球花	15%
下木总计：		100%

普通干旱场地

辅助树种：	垂枝桦	10%
	日本落叶松	15%
	北美云杉	15%
次要树种：	灰桤木	10%
	毛果杨	10%
主导树种：	欧洲白蜡木	40%
总计：		100%
下木：	欧洲榛	15%
	山楂	25%
	稠李	10%
	玫瑰	10%
	欧洲接骨木	15%
	雪果	15%
	绣球花	10%
下木总计：		100%

林地设计导则

- 和防护带一样,林地的种植也要按一定序列或矩阵,例如大树荫的植物用 2m 间距,下木和边缘灌木乔木等用 1m 间距。
- 区分开喜光植物和耐阴植物(比起宽度较窄的防护带,林地更需要这种区分)。
- 树阵一般是单一树种或者两种树种(按 1∶1 的比例混合),每个树阵单元至少有 20 棵树。
- 下木种在树阵单元之间,单一品种,至少 20 株一组(喜光植物种在边缘,耐阴植物种在中间)。
- 树阵单元不用像防护带那样规则,下木的结构也不用完全依照网格。根据场地需求,种植是相对自由的、可调节的。喜光植物可以安排在每个单元的边缘地带。
- 辅助树种像次要树种一样可以单独种在单元内,也可以与主导树种种在一起(通常是这样)。

林地混合种植

通常在林地中,80% 是乔木,20% 是下木。下面会列举两种典型的混合种植方式。自己种植防护带时要注意的是,重点不在于立马照搬运用,而是要明白为什么选择这些植物,然后参照种植方式选择能够在你自己的花园里茁壮成长的植物。这些例子包括使用欧洲山毛榉作为主导树种等。然而,场地的原有条件可能不适合这种植物生长,碰到这种情况,可以先用另一种植物代替,过了 10 年左右,在抽株时再替换为山毛榉。这个时候,林地已经成长到足以保护主导植物,或者说这块场地已经足够干燥来提供更合适它生长的环境。

在林地这样的地方也可以有些创意的设计来引入美感,就像利用欧洲山毛榉的叶色形成秋日美景一样。

潮湿或者排水不畅的场地

辅助树种或次要树种:	欧洲桦	15%
	旱柳	15%
	欧洲桤木	15%
	欧洲黑杨	15%
主导树种:	欧洲山毛榉	40%
总计:		100%
下木:	女贞	15%
(耐阴)	稠李	15%
	细柱柳	10%
	绣球花	10%
(混合边缘)	红瑞木	10%
	山楂	10%
	犬蔷薇	15%
	欧洲接骨木	15%
下木总计:		100%

普通干旱场地

辅助树种或次要树种:	灰桤木	15%
	垂枝桦	15%
	毛果杨	15%
	欧洲甜樱桃木	15%
主导树种:	欧洲山毛榉	40%
总计:		100%
下木:	欧洲榛	15%
(耐阴)	野蔷薇	15%
	雪果	15%
	绣球花	10%
(混合边缘)	山楂	20%
	刺李	15%
	欧洲接骨木	10%
下木总计:		100%

特色植物

特色植物是指那些有吸引人的特色或者实用特征的植物,而这不是能在第一眼就发现的。它们通常在一年中的某个时节能够通过树皮或者花朵在花园中带来特有的趣味,也可能是拥有不同寻常或者实用的生长特性。

落叶植物

银白槭(*Acer saccharinum*),9-12m(30-40ft)。树形高大,树冠宽广。树枝有些脆弱,要避免种在风大的地方。这种树最大的好处是生长快速,因而能很快获得种植效果。不过,这种树比较脆弱,要用好它的话就一定要注意后续种植加上强壮结实的树种。

欧洲七叶木(*Aesculus hippocastanum*),7.5-9m(25-30ft)。这种结实高大遮荫好的树是公园里的常规树种。在春天和初夏,它的花朵如蜡烛般聚集在树上。它的树根有一定的破坏性,所以最好种在开阔的场地。这种大树在夏天需要大量的水分。

纸皮桦(*Betula papyrifera*),9-12m(30-40ft)。光滑的白色树皮一层层剥落,大片的不规则齿状叶缘的叶子在秋天变黄。它在冬天展现出本色魅力,白色树皮若有深色背景则尤其瑰丽。

美国梓树(*Catalpa bignonioides*),6-9m(20-30ft)。大而直立的花朵生长在花开之后才展开的心形淡绿色大叶片上。这些花在秋天转而变成了豆荚形状的种子。

美国枫香(*Liquidambar styraciflua*),6-12m(30-40ft)。它像槭树一样的叶片在秋天变成美丽的深红和其他颜色。如果让叶色保持统一对你的花园来说很重要,你需要购买同一变种,或者在秋天叶片变色的时候到苗圃中选择合适品种。

水杉(*Metasequoia glyptostroboides*),8-12m(30-40ft)。生长快速,枝干竖直挺拔,圆锥形树形,落叶针叶树。除了它强烈的造型感,它的叶色也很吸引人,因为在一年的时间里它的叶色会从鲜绿到青铜色再到淡黄。

从春天到夏末，像欧亚槭这种浅叶色的植物不仅能提亮黯淡的边界，也会在长达半年多的时间里成为一处视觉焦点。

其他特色植物：
挪威槭（*Acer platanoides*），生长快速。
欧亚槭（*Acer pseudoplatanus* "Leopoldii"），浅色树叶。
欧洲白桦（*Betula pendula*），白色枝干。
欧洲鹅耳枥（*Carpinus betulus*），易生长。
直立欧洲鹅耳枥（*Carpinus betulus* "Fastigiata"），柱状树形。
欧洲山毛榉（*Fagus sylvatica*），公园常用树。
欧洲山毛榉（*Fagus sylvatica* Atropurpurea Group）（紫），赏叶色。
白蜡木（*Fraxinus americana*），速生树种，树荫大。
美国鹅掌楸（*Liriodendron tulipifera*），叶形特别。
英国栎（*Quercus robur*），公园常用树。
北美红栎（*Quercus rubra*），赏叶色。
黑洋槐（*Robinia pseudoacacia*），漂亮的叶片。
白枝荆棘（*Rubus cockburnianus*），冬天枝条为白色。
槐树（*Sophora japonica*），有奶白的小花。
美洲椴树（*Tilia americana*），大叶片。
欧洲小叶椴（*Tilia cordata* "Greenspire"），花香怡人。

一些植物如白枝荆棘，在一年中的一些时段会展示精妙的景色。在春天，它的枝条闪耀在深色的背景前，而一旦叶子长出，它就隐身于背景种植当中了。

常绿植物

白杉（*Abies concolor*），24–30m（80–100ft）。蓝绿色的树种，枝上有蜡烛形状的球果。通常用作圣诞树，但是只要你有足够大的空间就没必要将其砍下来使用。

智利南洋杉（*Araucaria araucana*），21–27m（70–90ft）。原产于智利，这种外观独特的树成为那些古老花园的象征。它既可以作为焦点树种来孤植，也可以混植于尺寸不一的边界林地。它让远处地产边缘的植物有着经过精心培育的感觉。较成熟的孤植树木的树础看上去很像大象的脚。

大西洋雪松（*Cedrus atlantica*），16–21m（50–70ft）。这种雕塑性的针叶树让任何一个公园的布置看上去都像在家里一样。当它们长大一些，较低部位的树枝就会垂下一个优雅的角度。"Glauca"是一种蓝色的品种，但是要注意的是，就像大多数蓝色植物一样，对它们要仔细照料，为其选择和维持合适的环境。

金刺柏（*Juniperus×pfitzeriana* "Pfitzeriana Aurea"），1.5–1.8m（5–6ft）。这种植物是中绿色的，但在末梢呈现一丝金色。它是实在的不规则的视觉焦点，可以活跃任何景色或者远景。

蓝粉云杉（*Picea pungens* "Glauca group"），21–30m（70–100ft）。高大的银蓝色大圆锥形针叶树，通常种植在不能用和它同尺寸和同颜色的树种作为主导树种的花园中。总是有节制地将其作为特色树木使用，如果用在小尺度的区域中，就要选择矮小的品种。

东方白松（*Pinus strobus*），18–24m（60–80ft）。它是最吸引人的松树之一，种植在草地上时，那轻盈优美的自然形态让人感受到它的优雅。要注意不能把它太过暴露地种植在场地上，因为这种蓝绿色的针叶会在大风中受损。

其他常绿特色植物：
雪松（*Cedrus deodara*），优雅的公园树种。
挪威云杉（*Picea abies*），生长快。
欧洲黑松（*Pinus nigra*），防风。
欧洲红豆杉（*Taxus baccata*），深色树叶。

血皮槭剥落的树皮使得它在冬天叶子落光的情况下也能长时间地成为花园中重要的景观树。

适合种植在边界和活动平台旁的树种

适合种植在平台旁边的树种，包括那些有着引人注目的树皮或者在视平线位置独具特色的树种。它们可能叶片稀疏，视线可以穿越它们，或者很厚重，为座椅区形成浓密的树荫。

血皮槭（*Acer griseum*），6–7.5m（20–25ft）。叶片在秋天展现出惊人的美景，那是成片的红色。树皮的颜色是漂亮的红棕色，像纸一样薄地脱离开来。这是一种很好的边界植物，把花园景色和周围更广阔的自然风景结合起来。

华盛顿山楂（*Crataegus phaenopyrum*），7.5m（25ft）。这是最优雅精致的一种山楂属植物，在秋天叶片会从绿到橘黄再到红色。闪亮的红色果实在冬天悬挂枝头，吸引着鸟儿们。把它种在活动平台区的话，冬天从室内就可以看到鸟儿来觅食的景观。

三刺皂荚（*Gleditsia triacanthos* "Sunburst"），5–6.5m（18–22ft）。一种种植在活动平台区相对较大的树种，但它能提供恰好的树荫。新的生长带来形式优美、浅色的树叶，它们在夏天变绿，在秋天则会变黄。

复叶栾树（*Koelreuteria bipinnata*），9–12m（30–40ft）。夏日里淡黄色圆锥状花序的花朵在秋季变成玫瑰色的果实，提供给活动平台斑驳的树影。

这种竹子出现在英国大迪克斯特的克里斯托弗·劳埃德的最新花园中，它能很好地阻隔视线但又允许视线穿越到达花园中别的景点。节约使用草地的话也能达到同样的效果。

黄连木（*Pistacia chinensis*），9-12m（30-40ft）。秋日美丽的红叶生长于灰色的带着浅浅沟痕的树干上。这种树在年幼的时候看起来有些笨拙而且习性不一，但是一旦成熟，它那浓密的枝叶会形成大大的树荫，尤其适合活动平台区。

樱桃李（*Prunus cerasifera* "Pissardii"），10m（30ft）。这种树只结很少的果实，但是它那紫红色树叶的魅力不可替代。它在边界地带显出强烈的对比，从绿色或者金色的背景里凸显出来，或者，它作为紫色的背景来衬托前面浅叶色的植物。

其他适合种在边界的树种：

荷花玉兰（*Amelanchier×grandiflora* "Princess Diana"），它是一种大型的边界植物，夏日里开出大量的白色花朵。耐寒，秋日里的叶色是橘红色的。

榔榆（*Ulmus parvifolia*），中等大小的树种，遮荫效果好。

屏障类植物

屏障类植物几乎用于各种尺度的花园。它们有的体形庞大，所以在大型花园设计中更容易运用。它们通常用于屏蔽不良物体或视线，也有的用来划分空间。

常绿植物

说到用屏障类植物来屏蔽不良物体或视线，常绿乔木和灌木能在全年提供良好的遮蔽作用。这些永久性屏障能成为花园中的核心植物。要记住的是，当我们把它用作屏障时，设计的关键在于弄清楚从哪里看向不良物体。这就意味着需要根据问题的严重性来决定是单独种植还是组群种植。

半透光的

圆柏（*Juniperus chinensis* "Kaizuka"），2.5–4m（8–12ft）。一种枝叶茂盛的绿色针叶树，习性无规律。枝叶生长的时候比较随意，其间的空隙使得光线和风能够通过。

皱叶荚蒾（*Viburnum rhytidophyllum*），2.5–4m（8–12ft）。一种适合作为花园和周边环境过渡的植物。它挺拔、不规则的形态使它能够融合花园内外景色。大的椭圆形的叶片，加上成簇的红莓果，使得这种装饰性很强的灌木非常适合用作屏障。

锦带花（*Weigela florida*），1.8–3m（6–10ft）。这是一种低维护成本的植物，它的花在4月到5月时达到最佳效果。开花的时候，它会成为瞩目的焦点，但是由于它稀疏的生长特性，它可以起到引导视线的作用。

全封闭的

灰绿杂扁柏（*Cupressocyparis leylandii*），15–18m（50–60ft）。它虽然有些声名狼藉，但是若运用得当，它能形成浓密的深绿屏障。不幸的是，人们通常只用它速生的特点（它每年生长超过1m），一旦无法正确维护，问题就来了，尤其在城市中会面临这些问题。

尖叶女贞（*Ligustrum lucidum*），4.5–6m（15–20ft）。一种大型的、

非规则的、用作边界和屏障的植物。只要你准备好让它到达最终的高度，它可以是一种低维护的植物。椭圆形光滑的中绿色树叶，衬托着白色圆锥状花序的花朵在夏天开放。

英国冬青（*Ilex aquifolium*），最高可达 9m（30ft）。是一种深色的常绿树，可以被修剪为各种高度的树墙或树篱。作为一种林地的实用下木，还能联系花园和林地。其他像"Aurea Marginata"等有名的品种，带有金色叶缘，可以用于一些需要明快的整体视觉效果的地方。

美国冬青(*Ilex opaca*)，高 3-6m(10-20ft)ft。深绿色阔锥形的树形，为通往自然的周边景观提供了极好的连接。当有草木衬托的时候，其视觉效果最好，而除非作为规则式设计平面的一部分，否则在天空的映衬下，其形态会具有过强的支配感。

奥地利黑松（*Pinus nigra* var.*austriaca*），高达 18m（60ft）以上。间距 1.8m（6ft）种植时，可以构造一种有效的、大范围的屏障。其深绿的颜色可以为园中的孤植树木提供十分有用的暗色背景。

紫杉（*Taxus baccata*），高达 9m（30ft）以上。可以保持自然型或修剪为规则型。由此，可以控制其高度与密度以适合多数场地，也可以调整其以适用于各种背景植物。这种植物曾被错误地认为是慢生品种！

厚皮香（*Ternstroemia gymnanthera*），高 2.5-3m（8-10ft）。其墨绿的颜色可以很好地衔接暗绿与中绿树。是一种有用的耐阴或半耐阴植物，可用于林地边缘。

半常绿植物

在较冷区域，半常绿植物会表现出落叶树的习性。然而，其中许多品种都较真正的常绿树更有趣味，在那些主要在夏季使用的花园中，它们是理想的屏障树种。在那些不一定非要完全遮蔽的情况下，它们也值得考虑使用。

半透光的

黄金竹、金镶玉（*Phyllostachys aureosulcata*），高达 9m（30ft）。

这是一种极好的耐寒屏障植物，由于其旺盛的扩张力，需要谨慎地控制。这是一种大花园或大空间专享的宝贵品种。竹是一种在控制厚度条件下可以营造半透光效果而当以宽阔的带状种植时又能作为完全屏障的优良植物。其枝叶的柔和绿色能使花园的暗部变得明亮起来。

紫竹、乌竹（*Phyllostachys nigra*），高达 7.5m（25ft）。通常被用于日本庭院设计中，以其成熟植株的紫黑色茎秆而著名。其旺盛的扩张力使之成为一种极富价值的屏障植物。

全封闭的

虎耳草科鼠刺属（*Escallonia* "Donard Star"），高可达 1.5m（5ft）。是一种具有紧密的向上的生长习性的植株，有深绿色的蜡质叶片，玫瑰粉色的小小花朵。这种植物能构造紧密的屏障，在滨海和内陆都生长良好。在寒冷地区表现为半常绿。

落叶植物

这些植物在一年中某些时候会脱落全部树叶，通常是在秋季，但有时也可能是因为生长条件所迫。落叶树的叶片通常都具有缤纷的色彩，有许多分外美丽，在叶片飘落前可以作为一种设计特色。但要注意保证它不会如此吸引眼球以至于同设计的全局不相融合。混合种植能够产生一种多重色彩的秋色背景，以使花园同周边景观融为一体。

透光的

大叶醉鱼草（*Buddleja davidii*），高达 3–3.5m（8–12ft）。这种开敞、圆形的灌木可以形成一种松散的屏障。其丁香紫色的花朵十分引人注意，就像名字（蝴蝶木）所表明的，它还能吸引蝴蝶。它花期很长，可以使花园自然化，以融入背景景观中。银白种，就像名字所表明的，会开出不同于亲本的白色花朵。

沙棘（*Hippophae rhamnoides*），高 3–4.5m（10–15ft）。这种习性宽松的灌木长有柳叶似的叶片。它开的是不起眼的白色小花，小小的橙色果实大量地生长在茎秆上。这是一种极好的抗风植物。

柽柳（*Tamarix ramosissima*），高达 3.25–3.5m（10–12ft）。这种植

物有优异的自然化作用，夏天它开出娇小的粉色花朵，使其中质型的叶片变得明快。它开敞、轻快，其向上的、不规则的生长习性产生了一种松散而富于变化的屏障效果。当容许视线部分穿透时，柽柳是极好的选择。

中国芒草（Miscanthus sinensis "Gracillimus"），高达 1.2–1.8m（4–6ft）。这种植物夏季有绿色的枝叶，秋季有奶油色的羽状的果穗，因此是一种多用途的草本。除了最为严寒的冬季，它的枝叶都将一直维持吸引人的形象。如果种植得较窄，可以产生透光效果，成为狭长的边界。银边芒是它的一种变种，在细长的叶缘有白边。

树篱植物

树篱植物一般是可以群植的灌木，它们被种在一起，以在花园中形成分隔或者划定其边界。不规则式的绿篱较宽而松散，而规则式绿篱通常用于花园中修剪较多的区域，其自身也需要定期修剪以维持形态。

不规则式绿篱

不规则式绿篱中的植物按其个体通常形态自然生长。可能为了保持整体形态，会有小幅修剪，但就维护量而言绝对不繁重。那些没有空间局限的大型花园，采用这样的绿篱相比规则式绿篱所需的维护量有很大减少。

落叶植物

卫矛（Euonymus alatus "Compactus"），高达 1.5–1.8m（5–6ft）。密质的、堆状的灌木，适合较大场地，不规则边界能与其周边植物融为一体。深绿色的叶片在秋季变为夺目的红色。

木槿（Hibiscus syriacus），高达 2.5–3m（8–10ft）。花期 8–9 月，花通常是粉色的，在中绿的枝叶中显得十分耀眼。其竖直向上的、松散的生长习性能构造一种不是特别密实的屏障效果。

日本绣线菊（Spiraea nipponica "Snowmound"），高达 1.2–2m（4–6ft）。是一种群植时能达到最佳效果的植物。是一种生长松散，但基本上呈圆形的灌木，长着小小的深绿色叶片。在 5–6 月，花茎上覆满了细小的白色花朵。

常绿植物

间型圆柏（*Juniperus pfitzeriana*），高 1.5–1.8m（5–6ft）。这种植物呈一种偏灰的中绿色，因为其朴素的品质而十分有用处。它可以构造一种不规则的密实的背景，或者是虽不显眼但很有效果的矮屏障。金叶桧柏是这种强健植物的金色变种。

卢李梅（*Prunus lusitanica*），高达 1.8m（6ft）。是一种很好的中型灌木，有着丰茂的光滑叶子，6月会开出奶油色的花，散发着山楂般的气息。它是优良的不规则型树篱材料，但需要注意的是，如果种在大树下，这种植物容易长得十分细弱。

加拿大铁杉（*Tsuga canadensis*），高 1.5–2.1m（5–7ft）。当其被用作绿篱时，一株大型的加拿大铁杉就是一个漂亮的孤植景观，不过如果要修剪成树篱，它的羽毛状的枝叶也表现优良。

地中海荚蒾（*Viburnum tinus*），高 1.8–3m（6–10ft）。叶片为深绿色，在冬季或早春长出白色或粉色的花序。耐修剪，但最好保持自然型。

规则式树篱

这种树篱通常都需要繁复的劳动来进行修剪维护。它们给花园以规整、挺直的印象，显示其维护良好。这种树篱可以在任何花园中谨慎地少量使用，且应当着重用于关键的区域。一般规则式树篱的选择树种都和期望高度不相合适，但可以通过修剪达到目的。

落叶植物

欧洲鹅耳枥（*Carpinus betulus*），秋季，其深绿的叶色转黄。使用这种植物可以构造紧密的树篱。这种植物在依赖修剪的场景中能发挥最优效果。

欧洲山毛榉（*Fagus sylvatica*）。这是一种十分引人注目的植物，秋季，其明快的绿叶转为橙黄色。虽然是落叶树，但枯叶会在树枝上存留几乎整个冬季，以持续地维持密实的树篱效果。

上左图 修剪成形的树球会立即给花境以一种维护良好的外貌，即使其中大部分植物都不需要太多照料。这种效果也出现在那些在习性松散的植物之间种植了生长紧密的植株的花境中。

上右图 爬山虎在建筑立面上生长，其紧密相依的叶片构造出一堵绿墙。

常绿植物

　　黄杨（*Buxus sempervirens*），在规则式花园中，这是一种构造围合树篱的经典材料。虽然黄杨树篱经常被修剪成矮于膝部的高度，但如果不加限制，它最高可以长到 5m（15ft）。黄杨的中绿的小叶使其可以方便地被修剪为各种理想形态。

　　爬山虎（*Parthenocissus tricuspidata*）。这是一种可以有效地将一堵砖墙或一道木栅栏转变为"绿墙"的优秀植物。这种带有三裂叶片的深绿色藤蔓，可以在任何东西上攀缘，还能在最狭窄的空间中创造绿墙。秋季其深红的叶色更是分外难得。

　　欧洲紫杉（*Taxus baccata*），深绿的枝叶，生长速度比通常修剪为期望高度的构造整齐的树篱要快。

　　东方侧柏、雪松叶（*Thuja occidentalis* "Holmstrup"），高 2.5–3.5m（8–12ft）。深绿色的鳞状叶片成簇生长，当修剪紧密时可以构造十分密闭的树篱。

　　北美乔柏、红雪松（*Thuja plicata* "Fastigiata"），高 3–3.5m（10–12ft）。很适合构造高大、狭窄、紧密的屏障。其深绿的鳞状叶聚集成扁平的片状，耐修剪。在最温暖的时候它们可能需要一些遮荫以防止夏季被阳光灼伤。

地被植物

地被植物一般被种植于草坪生长受到抑制或者太难进行常规维护的区域。这些区域要么是坡地，要么就通常水平的维护工作而言缺乏可达性。由于地被植物通常被种植在乔灌木的下方，阴影量成为了其生长速率的限制因素。

常绿植物

自然界的大部分可用地被植物都是常绿的，因为它们对杂草的抑制作用及固坡能力是全年都需要的。

熊果树（*Arctostaphylos uva-ursi*），这种具有扩张力的地被植物给坡地覆上一层绿毯，使其免于反复的维护工作。它有鲜绿色的光滑叶片和小小的白色或粉色花朵。虽然成长耗时较长，但其一旦长稳，就能营造极佳的绿毯。

枸子（*Cotoneaster×suecicus* "Coral Beauty"），高达 1m（3ft）。是半阴地的优良地被。小小的弓状茎秆上生长着灰绿色的叶片及淡粉色的花果。当同常春藤或针叶地被组合种植时，可以产生良好的对比效果。

洋常春藤、英国常春藤（*Hedera helix*）。这种有着中绿色心状叶，时有异型叶的植物可能是使用最为普遍的一种常春藤。不过其他品种也有使用，它们有各种叶型，结合在一起可以有很好的效果。如果说常春藤的唯一优点就是"常春"，那也真有点乏味，不过它有极好的护坡功效，还非常耐阴。但它很容易长蛞蝓，也会藏匿啮齿动物。

杜松亚种 Conferta（*Juniperus rigida* subsp．*conferta*），高 15cm（6ft）。这种地被植物有柔软的鲜绿色针叶，可以在海滩生长。如果你需要一种生长更密、蓝绿色的耐高温品种，可以选择"蓝色太平洋"种。

沿阶草、麦门冬（*Liriope spicata*），高 20-25cm（8-9in），繁茂的

类似草坪的地被，有细长的绿叶，夏季开淡丁香紫色至白色的花。非常适合阴影或半阴影区种植。每年早春修剪一次可以达到最佳景观效果。

富贵草（*Pachysandra terminalis*），高 15-30cm（6-10in）。是一种适合于缺乏可达性的阴影地带的优良地被。它有中绿色的花形叶簇，在夏天会开出引人注目的白色花朵。这种地被的高度会依其生长环境的阴影量而变化，在更阴暗的地方，它能长至更高，而在阳光里，其高度最矮。

下面总结了一些优良的地被植物及它们各自的显著特色。
匍匐筋骨草（*Ajuga reptans* "Repens"）：紫色的枝叶与蓝色的花穗。
柳叶栒子（*Cotoneaster salicifolius*）：红色的果实。
杜松（*Juniperus horizontalis*）：绿色针叶地被，形态疏松。
紫杜松（*Juniperus horizontalis* "Wiltonii"）：显灰白的蓝绿色。
密刺蔷薇（*Rosa pimpinellifolia*）：带刺的分枝矮灌木。
蔓长春花（*Vinca major*）：适合水岸种植。
小蔓长春花（*Vinca minor*）：是上述植物的蓝花小叶版。

落叶植物
相对常绿的地被，落叶地被植物有季相的变化，更富于趣味。

淫羊藿（*Epimedium versicolor*），高 30-35cm（10-12in）。在纤长的茎秆上长有心形的中绿叶片，春天开不显眼的白色花朵。是一种表现突出的地被植物，尤其适合于营造自然林地效果或者用在岩石园中。

圆叶玉簪（*Hosta sieboldiana*），高 60-90cm（2-3ft）。长达 30-35cm（10-12in）的蓝绿色叶片从植物的中心呈弓形生长出来。夏天开淡丁香色的花，但其纹路明显的心形叶片才是观赏的重点。易生蛞蝓。当群植时，会在叶下形成极深的阴影区。

三色莓（*Rubus tricolor*），高 20-30cm（8-10in）。匍匐而生的长长的新枝上长着绒绒的红色短毛和光滑的枝叶。它们接触土地，生根并且迅速形成严密低矮的一大堆。用在你想要忽略的地方，因为虽然不用怎么维护，但它们长在一起实在不太富于装饰性。

扩展阅读

Aben, R., and S. De Wit. 2001. *The Enclosed Garden*. 2nd ed. Rotterdam, the Netherlands: 010 Publishers.

Beveridge, C. E., and P. Rocheleau. 1995. *Frederick Law Olmsted: Designing the American Landscape*. New York: Rizzoli.

Boyd-Brent, J. 2005. 'Harmony and Proportion'. About Scotland Art Pages. www.aboutscotland.com.

Bradley-Hole, C. 1999. *The Minimalist Garden*. London: Mitchell Beazley.

Brookes, J. 1969. *Room Outside*. London: Thames and Hudson.

—— 1984. *A Place in the Country*. London: Thames and Hudson.

Church, T. 1955. *Gardens are for People*. New York: Reinhold Publishing Company,

Downing, A. J. 1850. *Treatise on the Theory and Practice of Landscape Gardening, adapted to North America, with a View to the Improvement of Country Residences*. 4th ed. New York: Putnam.

Collier, G. 1963. *Form, Space and Vision: Discovering Design Through Drawing*. Prentice-Hall. Upper Saddle River, NJ, USA: Prentice-Hall.

Crowe, S. 1958. *Garden Design*. West Sussex, UK: Packard Publishing Limited.

Hobhouse, P. 1985. *Colour in Your Garden*. London: Frances Lincoln.

Jekyll, G., and L. Weaver. 1920. *Gardens for Small Country Houses*. 4th ed. London: Country Life.

Jellicoe, J. 1996. *The Collected Works of Jeffrey Jellicoe: Studies in Landscape Design*. vol. 3. Woodbridge, UK: Garden Art Press.

Jellicoe, J. & S., et al. 1986. *The Oxford Companion to Gardens*. Oxford: Oxford University Press.

Jensen, J. 1939. *Siftings: The Major Portion of The Clearing, and Collected Writings*. USA: R. F. Seymour.

Kemp, E. 1864. *How To Lay Out A Garden*. 3d ed. London: Bradbury and Evans.

Palladio, A. 1965. *The Four Books of Architecture*. New York: Dover Publications Inc.

Mawson, T. H. 1900. *The Art and Craft of Garden Making*. London: B.T. Batsford.

Mackellar Goulty, S. 1993. *Heritage Gardens: Care, Conservation and Management*. London: Routledge.

Nichols, F. D., and R. E. Griswold. 1978. *Thomas Jefferson, Landscape Architect*. Charlottesville, VA, USA: University Press of Virginia.

Oudolf, P. 1999. *Designing with Plants*. London: Conran Octopus Limited.

Repton, H. 1907. *The Art of Landscape Gardening*. London: Archibald Constable & Co., Ltd.

Tunnard, C. 1938. *Gardens of a Modern Landscape*. London: The Architectural Press.

Turner, T. 2005. *Garden History: Philosophy and Design 2000 BC – 2000 AD*. New York: Spon Press.

相关组织

英国园林设计师协会——Society of Garden Designers

英国景观设计师协会——Landscape Institute

职业景观设计师协会——Association of Professional Landscape Designers

美国园林设计师协会——American Society of Landscape Architects

著作权合同登记图字：01-2009-7252号

图书在版编目（CIP）数据

大型花园的设计与改造／（英）科尔塔特著，戴代新译．—北京：中国建筑工业出版社，2012.4
（小园林设计与技术译丛）
ISBN 978-7-112-13817-3

Ⅰ.①大… Ⅱ.①科…②戴… Ⅲ.①花园－园林设计 Ⅳ.①TU986.2

中国版本图书馆 CIP 数据核字（2011）第258193号

Copyright © 2007 by Douglas Coltart. All rights reserved.

本书由 TIMBER PRESS 授权我社翻译、出版、发行本书中文版

责任编辑：戚琳琳
责任设计：陈　旭
责任校对：刘梦然　赵　颖

小园林设计与技术译丛
大型花园的设计与改造
［英］道格拉斯·科尔塔特　著
戴代新　译
*
中国建筑工业出版社出版、发行（北京西郊百万庄）
各地新华书店、建筑书店经销
北京嘉泰利德公司制版
北京方嘉彩色印刷有限责任公司印刷
*
开本：889×1194毫米　1/16　印张：$10\frac{1}{2}$　字数：260千字
2012年9月第一版　2012年9月第一次印刷
定价：98.00元
ISBN 978-7-112-13817-3
　　　（21539）

版权所有　翻印必究
如有印装质量问题，可寄本社退换
（邮政编码 100037）